架空输电线路无人机巡检技术培训教材

国网天津市电力公司　主编

天津大学出版社
TIANJIN UNIVERSITY PRESS

图书在版编目(CIP)数据

架空输电线路无人机巡检技术培训教材 / 国网天津
市电力公司主编. — 天津：天津大学出版社, 2019.12
ISBN 978-7-5618-6584-2

Ⅰ.①架… Ⅱ.①国… Ⅲ.①无人驾驶飞机－应用－
架空线路－输电线路－巡回检测－技术培训－教材 Ⅳ.
①TM726.3

中国版本图书馆CIP数据核字(2019)第271676号

出版发行	天津大学出版社
地　　址	天津市卫津路92号天津大学内(邮编:300072)
电　　话	发行部:022-27403647
网　　址	www.tjupress.com.cn
印　　刷	北京建宏印刷有限公司
经　　销	全国各地新华书店
开　　本	185mm×260mm
印　　张	14.25
字　　数	349千
版　　次	2019年12月第1版
印　　次	2019年12月第1次
定　　价	79.00元

本书编写人员

主　　编：何继东

编写人员：常　安　张伟龙　刘　昊　南杰胤

　　　　　任　杰　朱春雷　董开泰　吕　浩

　　　　　刘俊灼　赵朋涛　陈　旭　陈　凯

　　　　　杨雅麟　霍庆悦　司浩雨

前　言

近年来,随着经济社会快速发展,电网规模不断扩大,各类新技术不断革新。"十三五"期间,国家电网有限公司(简称国网公司)的电网设备规模快速发展,2018 年公司 110(66)千伏及以上架空输电线路长度已达 99.2 万千米,且今后仍将保持每年约 5% 的速度持续增长。国网公司在这种环境下,抓住机遇、锐意进取,大力吸收技术进步为电网企业带来的技术红利,提出了"三型两网"的战略目标,明确了"一个引领、三个变革"的战略路径。

这对于电网企业中的标志性专业——架空输电线路专业既是机遇也是挑战。架空输电线路的运维工作是电网安全稳定运行的基础和支柱,保障着数万用户的高质量和可靠用电。架空输电线路专业也提出了推动"三个转变"和建设世界一流输电网的发展目标。

随着电网企业转型及员工结构变化,提升单个员工劳动生产效率和促进劳动转型成为国网公司发展的重要方向,而对于传统的架空输电线路运维专业也显得尤为重要。架空输电线路分布于户外广阔地域,地理环境复杂,传统的人工巡视模式效率低、输电专业人员数量少与设备规模持续增长的矛盾日益突出。2013 年以来,国网公司组织开展了"架空输电线路直升机、无人机和人工协同巡检"相关工作,大力推广无人机巡检应用,建立无人机巡检管理和技术支撑体系,架空输电线路运检效益明显提升。随着无人机等新技术的成熟和发展,电力已成为无人机技术的重要应用行业,无人机技术显著推进了架空输电线路专业领域的技术革新,使得架空输电线路专业由劳动密集型专业转型为技术密集型专业成为可能。

全书共分 4 章,第 1 章为电力无人机巡检概述,介绍电力行业无人机巡检概况,国网公司无人机巡检作业推广情况,架空输电线路无人机巡检作业培训工作开展情况。

第 2 章为无人机系统、相关法律法规、无人机维护保养,详细介绍无人机系统基础知识,无人机使用需要遵守的法律法规,常见型号无人机巡检系统维护保养知识。

第 3 章为无人机巡检作业,详细介绍无人机在电力巡检工作中的应用,从无人机基本操作、通道巡检讲解、精细化巡检,到自动巡检、倾斜摄影等较复杂的作业方法,详细介绍架空输电线路无人机巡检作业的应用方法,最后介绍电力无人机巡检安全操作规程及事故应急处置。

第 4 章为巡检数据处理,主要介绍对无人机巡检数据的整理、分析,详细介绍无人机照片缺陷隐患识别、缺陷隐患分析及缺陷隐患报告编制相关内容。

由于作者水平有限,加之时间仓促,书中不足之处,望与读者共同补充提高。

目　　录

第1章 电力无人机巡检概述

无人机在输电线路巡检中具备较强的实用价值,可应用于日常巡视、灾情勘察、特殊巡视、工程验收、专项检查、应急抢修等各种任务类型。在推广无人机巡检技术的过程中,在管理模式、技术推广、规程应用等方面发现诸多问题,主要如下。

(1)传统巡检模式无法满足电网高可靠性的要求。国网公司输电电网规模持续稳定增长,输电线路运检队伍长期处于总量缺员和结构性缺员并存的严峻局面,传统的人工巡检方式存在巡视范围不全面、质量不高、效率低以及特殊地形和气象条件下巡视困难等问题,无法满足电网高可靠性的要求。

(2)无人机巡检作业水平无法满足智能运检发展的要求。无人机巡检作业自主化程度低,巡检质量受人员技术水平和外界环境影响较大;巡检数据分析智能化程度低,准确度和可靠性不能满足实用化要求;作业应用领域不够丰富,数据与运检信息融合度不高;无人机作业优势未充分发挥,人员生产力未充分解放,无法满足智能运检发展的要求。

(3)无人机作业体系无法满足精益化管理的要求。各单位无人机应用程度严重不均衡,技术水平参差不齐,未实现统一规范应用;无人机作业管理模式尚不明确,人员培训、质量监督和维护保养等保障体系尚不健全,信息化管控水平不足,与业务融合度不高,未实现闭环管理,无法满足精益化管理的要求。

要解决以上问题,不仅需要大量应用新技术促进专业革新,更需要一支技术水平高、学习能力强、善创新、有干劲的高素质员工队伍。未来三年是传统输电管理向智慧输电跨越提升的重要建设机遇期,要进一步科学规划,融入物联网、人工智能等先进技术,全面推进无人机智能巡检技术应用,实现线路巡检模式由以人工巡检为主向以无人机巡检为主的协同自主巡检模式转变,持续提升输电智能巡检水平,为建设世界一流能源互联网企业提供强有力支撑。本书就是在这一形势下,为提升架空输电线路运维水平,弥补无人机电力巡检技术应用推广工作中的不足,推动输电线路巡检模式向"协同立体化巡检模式"转变,创新无人机技术,深化无人机巡检应用,解决现阶段多旋翼类无人机使用的痛点,进一步提升输电专业员工劳动价值,并革新现有架空输电线路人才培养模式,最终打造以新技术应用为核心的新架空输电线路管理模式而编写的。

1.1 国网公司无人机发展总体思路

在当前形势下,国网公司无人机发展总体思路是以推动向以无人机为主的协同自主巡检模式转变为主线,以提升无人机巡检自主作业、数据智能分析水平为抓手,建立健全无人机智能巡检作业管理体系和技术支撑体系,建设复合型运检队伍,示范引领,推进无人机巡检业务规范化、作业智能化、管控信息化、管理精益化,实现输电巡检模式变革,开创输电巡检新局面。工作目标是坚持"安全可控、智能高效"的原则,建设无人机管控平台,攻克无人机自主智能巡检和缺陷智能识别难题,建立无人机智能巡检作业体系,逐步替代传统人工巡检作业模式。

深化无人机在线路巡视、检测、检修方面的应用,推进"四化"建设,三年建成一批国际领先的无人机智能巡检作业示范单位,实现输电线路巡检模式向以无人机为主的协同自主巡检模式转变。加大作业人员无人机驾驶执照取证力度,与国家相关部门联合开展执照培训取证工作。加强无人机专业技能培训和人才评价工作,提升运检人员多元化专业技能水平。建设智能运检人才梯队,推动传统运检队伍向复合型运检队伍转变。拓展无人机应用范围,研究基于无人机的复合绝缘子憎水性检测、瓷质绝缘子零值低值检测、通道树障测量及预测、金具 X 光探伤检测、线路验电检测等技术;研究无人机清除异物、喷涂防污闪涂料、吊装检修物料和带电水冲洗等检修技术;研究基于无人机的检测及检修作业协同监护、结果复核和现场作业保障等技术,提升线路检测和检修作业智能化水平。争取到 2021 年底,示范单位无人机配置率不低于 2 架 /100 km,一线班组 40 周岁及以下人员取证率达 80%;无人机巡视比率不低于 60%,全无人机巡视比率不低于 10%;无人机自主智能巡检作业率不低于 90%,巡检影像人工智能识别覆盖率不低于 80%。全面推广无人机自主巡检应用,加强无人机在输电线路巡视、检测和检修工作中的应用力度和深度;部分线路开展全无人机巡视应用。最终完成输电线路巡检模式转变,全面应用以无人机为主的协同自主巡检模式,替代传统人工巡检作业模式。

1.2　架空输电线路专业及无人机巡检培训现状

1. 架空输电线路专业现状

国网公司自 2002 年以来,高学历员工占比大幅度提升,近年来公司新进员工学历系数已接近 1.1。而架空输电线路运维工作是以低技术性、重体力性劳动为主,大量高学历、高素质人才进入输电专业进行线路巡视,不能充分体现员工的劳动价值。同时,随着架空输电线路专业历史遗留问题日益凸显及员工整体年龄不断增长,新进员工不能弥补整个专业员工数量的缩减,从而呈现结构性缺员的现状,按照传统工作模式已经无法满足现阶段的工作需要。

按照输变电设备精益化管理核心思想,架空输电线路设备需要全面、准确、有效的台账和状态管理。架空输电线路设备不同于变电设备,其绝大部分设备在郊野中,周围环境复杂,巡视难度较大。同时也因历史遗留问题,存在部分台账与实物不符、设备细节不准确、变更未及时更新等问题。各类新技术应用会大大降低获取架空输电线路设备信息的难度,尤其是多旋翼无人机在精细化巡检过程中产生的大量图片数据,无疑是输电设备最精准的图像台账。这也是传统运维模式下难以很好完成的部分。

同时,新进员工学历及素质逐年提高,传统培训方法和培训内容已经不适应如今电网企业和输电专业对人才培训的需求。而且大量工作外委降低了员工接触设备的机会,新进员工对架空输电线路设备知识的学习局限于新员工培训阶段,由于入职后全面接触设备的机会少,知识与实用脱节,所学知识并不能很好地应用于工作,实际工作能力增长缓慢。按照传统工作模式培养架空输电线路新进员工的模式逐渐脱离目前的工作实际情况,架空输电线路人才的培养模式也需要更新。无人机是新进员工迅速了解设备、学习相关知识的现实有效手段。自 2012 年国网公司开展架空输电线路无人机巡检以来,无人机的应用效果有目共睹,极大地提升了输电线路专业人员的工作效率,降低了整体运维成本,提升了运维效率和工作安全,实现了架空输电线路运维检修工作提质增效,无人机操作将作为输电专业员工的基本操作技能。

2. 无人机巡检培训现状

目前,电力无人机巡检作业培训以 AOPA(Aircraft Owner and Pilots Association,私用航空器拥有者及驾驶员协会)和 UTC(Unmanned Aerial System Training Center,无人机应用技术培训中心)培训为主,辅以各电网省公司自主培训内容。其中, AOPA 等无人机作业培训以取得无人机驾驶员执照为目的,核心内容为无人机基本操作。经过约 30 天的培训,其视距内驾驶员认证水平是了解无人机系统结构,了解基本法律法规要求,了解航空气象知识,掌握无人机基本操作等。经过取证培训,可以使员工达到知道多旋翼无人机的基本概念和基本原理,完成多旋翼无人机的简单设置,进行多旋翼无人机的基本操作,但这些远不能满足独立完成架空输电线路无人机巡检的作业要求,需要进行更有针对性的培训,使作业人员掌握无人机电力巡检相关知识,熟练掌握无人机巡检技能操作。

架空输电线路专业无人机巡检技能培训的目标:所有 35 岁以下青年员工具备使用小型无人机安全进行超视距飞行巡检的能力,掌握多旋翼无人机的基本结构和基本原理,掌握国网无人机巡检工作安全规程,了解国家及行业关于无人机的法律法规,能独立完成通道巡视、故障巡视等,能配合完成杆塔精细巡检和新改扩建线路验收工作,熟练掌握无人机基本维护保养技能、突发情况应急处置办法、常用型号无人机故障排除。现阶段公司无人机电力巡检培训主要面向取得多旋翼无人机视距内驾驶员执照的员工开展,共分架空输电线路无人机巡检概述、无人机巡检安全操作规程及相关法规、超视距飞行方法、通道巡检方法、应急处置方法、无人机巡检作业工作流程、精细化巡检作业方法、数据处理及缺陷识别、巡检报告编制 9 个模块。有效夯实理论基础,强化实操技能水平,保证无人机巡检专业人才梯队建设,建立无人机优秀人才储备,为接下来的无人机全面深化应用乃至开展无人机前沿创新和实现架空输电线路运维检修工作提质增效打下基础。

1.3　作业人员知识技能要求

结合《电力行业无人机巡检作业人员培训考核规范(T/CEC 193—2018)》及无人机巡检工技能等级评价相关标准,对巡检作业人员的要求分为知识与技能两部分。知识部分分为基本知识、相关知识和专业知识,技能部分分为基本技能和专业技能。

基本知识为架空输电线路专业人员必须掌握的知识,主要包括:①电工基础;②电力安全工作规程（线路部分）。

相关知识为无人机巡检使用时必须具备的背景知识，主要包括：③无人机法律法规；④摄影技术；⑤航空气象知识；⑥输电线路运维相关知识。

专业知识为无人机巡检作业需要使用的知识，主要包括：⑦无人机系统组成；⑧无人机飞行原理；⑨无人机安全工作规程；⑩无人机工作票（单）填写知识。

基础技能包括：⑪ 安全工器具使用；⑫ 安全工器具维护；⑬ 无人机工作票（单）填写。

专业技能分为三大部分。

第一部分设备使用及维保，包括：⑭ 保障设备的使用；⑮ 无人机的基本操作；⑯ 任务设备使用操作；⑰ 任务设备的维护保养。

第二部分无人机巡检作业，包括：⑱ 巡检任务制定；⑲ 精细化巡检作业；⑳ 通道巡检作业；㉑ 作业应急处置。

第三部分缺陷与隐患查找及原因分析包括：㉒ 巡检数据处理与分析；㉓ 缺陷与隐患识别；㉔ 缺陷与隐患分析；㉕ 缺陷隐患分析报告编制。

这些内容基本涵盖了日常无人机巡检作业所需要的知识和技能。本书根据不同知识点的难度、重要性及相互关系重新安排了章节，确保囊括多旋翼无人机巡检技能点，结合目前工作实际进行了一些修改，并加入了目前常用的测绘巡检手段，如激光雷达、倾斜摄影、正射影像等的介绍及应用方法。

1. 无人机系统及相关知识

无人机系统及相关知识主要内容为三部分：无人机系统基础知识，无人机使用需要遵守的法律法规及常见型号无人机的维护保养知识。

第一部分无人机巡检系统，涵盖航空气象知识、无人机系统组成、无人机飞行原理三个重要知识点。重点讲解无人机系统结构组成，包括无人机机械结构、动力结构、通信结构、任务结构，了解无人机机体、机臂、螺旋桨、飞控、接收机、电池、电机、电台、图传等部件的定义、工作方式、连接方式和控制方式，使学员对无人机整体工作原理有细致全面的了解；重点讲解多旋翼类无人机的飞行原理，包括建立在伯努利方程上的机翼浮力原理和以扭矩平衡为基础的多旋翼基本控制原理，使学员了解无人机如何将操作指令转变为响应动作；但无人机本身的控制、传感等子系统日渐复杂，需要扎实掌握无人机系统相关知识，才能良好地开展无人机巡检作业、维护保养及创新工作。

第二部分无人机相关法律法规，主要讲解作业人员在使用多旋翼类无人机进行架空输电线路巡检时要遵守的相关法律法规，其中涵盖③无人机法律法规相关知识点，包括《中华人民共和国民用航空法》《中华人民共和国飞行基本规则》《通用航空飞行管制条例》《轻小无人机运行规定》《民用无人驾驶航空器系统空中交通管理办法》《民用无人机驾驶员管理规定》《民用无人驾驶航空器实名制登记管理规定》《民用无人驾驶航空器经营性飞行活动管理办法》《低空空域使用管理规定（试行）》（征求意见稿）和《无人驾驶航空器飞行管理暂行条例》（征求意见稿）等无人机行业标准、规程、制度。其中包含了多旋翼类无人机的类型定义，不同等级的无人机飞行许可情况，实际工作如实名制登记、无人机驾驶员执照管理、空域使用办法等需要使用的规程制度,基本涵盖了正规飞行作业需要遵守的法律法规内容,并对以上内容一一做了讲解。

第三部分无人机维护保养,主要内容是保障设备的使用、无人机设备的维护保养和任务设备的维护保养,涵盖⑰任务设备的维护保养技能点。无人机设备的维护保养工作技术性强、辅助设备要求高,需要员工对无人机设备及设备原理有较深的认识,但各公司检测维护仪器设备及备品备件不齐备,同时各公司主力机型较为封闭,不少机型是免维护机型,导致维护保养工作开展不全面、不深入,只能做简单的外部维护工作。该部分结合公司无人机维护保养规定,重点讲解常见型号多旋翼无人机设备维护保养和调试方法,包含机械结构、动力系统等,讲解保障设备及仪器的使用方法;重点讲解无人机任务设备的维护保养方法,涉及光学设备的日常维护操作方法等;重点讲解无人机电池设备的维护保养方法,结合相关电池维护保养规定,讲解电池保养知识,电池维护保养周期,电池正确使用方法等知识。这部分内容可正确指导维护保养工作,使学员可以规范化开展无人机维护保养工作。

2. 电力无人机巡检相关知识

电力无人机巡检相关知识中详细讲解无人机在电力巡检工作中的应用。从无人机基本操作,超视距作业方法及通道巡检,到杆塔精细化巡检,再到自动巡检、倾斜摄影等较复杂作业方法,详细介绍了架空输电线路无人机巡检作业应用方法,最后讲解电力无人机巡检安全规程及应急处置方法。

第一部分无人机基本操作,主要内容包括常用小型多旋翼无人机操作界面的基本介绍、基本设置,任务设备的基本介绍、基本设置,多旋翼无人机的基本操作,原地 360°自旋、水平"8"字飞行练习以及摄影知识。其中涵盖④摄影技术、⑮无人机的基本操作、⑯任务设备使用操作知识技能点。重点讲解常用型号多旋翼无人机地面站界面参数含义和参考方法,无人机通信、操作、安全相关功能及设置方法;重点讲解常用可见光任务设备的使用方法,结合摄影知识详细讲解光圈、快门、感光度等在架空输电线路精细化巡检中的影响和设置方法;重点讲解多旋翼类无人机的基本操作方法,讲解日本手与美国手、姿态模式与 GPS(全球定位系统)模式等内容,并安排视频详解多旋翼类无人机进行水平"8"字飞行。姿态模式下的水平"8"字飞行是练习无人机操作基本技能的重要练习方法,虽然在实际作业中几乎不使用姿态模式,也不进行目视对头或对侧飞行,但在应急操作中,扎实的基本功是挽救飞机的必要条件,因此要熟练掌握水平"8"字飞行。

第二部分通道巡检作业方法,主要内容包括无人机超视距飞行方法,无人机航线任务规划及地面站操作,具体包括⑱巡检任务制定、⑳通道巡检作业两个知识技能点。通道巡检作业是架空输电线路无人机巡检工作中,相比传统人工巡视效率提升最明显的工作模式,现阶段通道巡视需要高频次巡视,重点巡视线路甚至在日常巡视中要达到每日两次的巡视频率。该部分重点讲解超视距飞行技能,超视距飞行虽然不是初级无人机驾驶员执照(视距内驾驶员)的技能掌握范围,但是在架空输电线路无人机巡检作业中是必备的基础技能,只有掌握超视距飞行方法,才能独立完成各种其他类型作业,否则就失去了无人机巡检节约"最后 500 m"的优势。在掌握超视距飞行的基础上,结合视频讲解通道巡检作业方法,即采用正射方式对架空输电线路通道进行快速扫描巡检,结合数据后期应用场景,讲解无人机操作方法、拍摄细节要求、地面站软件使用以及航线规划内容,为后面无人机自主巡检作业提供基础知识。

第三部分精细化巡检作业方法,主要内容为多旋翼无人机精细化巡检作业的外部作业部分,涵盖⑲精细化巡检作业技能点。架空输电线路多旋翼无人机精细化巡检作业是现阶段无人机应用推广中的核心业务。该部分主要讲解无人机精细化巡检作业流程,重点讲解现场作业方法,根据国网公司印发的架空输电线路无人机巡检影像拍摄指导手册及现场作业经验,对杆塔拍摄方法、拍摄顺序、拍摄角度进行介绍。结合架空输电线路运维管理规定和架空输电线路运行规程中常见缺陷,对金具、导线、绝缘子的重要关注点和拍摄手法进行详细讲解。介绍公司架空输电线路无人机精细化巡检要求,明确上报巡检数据要求,并配合现场实际操作视频介绍,使学员具备在超视距情况下进行杆塔精细化巡检的能力。精细化巡检是电力无人机巡检工作的最主要部分,是电力无人机巡检作业人员的核心技能点,需要熟练掌握。

第四部分无人机先进作业方法,主要内容为无人机在现阶段较为先进的作业技术,主要包括倾斜摄影、正射影像、激光点云、无人机自主精细化巡检以及基于深度学习的人工智能缺陷自动识别等技术。以上技术已经部分或全部成熟应用于架空输电线路无人机巡检作业中,为输电运行工作带来很好的效果。其中,倾斜摄影是由一系列互有角度的巡检图片通过解算重新构建三维模型的方法,该方法在分析树障、确定重点施工隐患、现场踏勘等工作中有着重要作用;正射影像是利用数字高程模型对扫描处理的数字化航空图像,经逐个像元进行投影差改正,再按影像镶嵌,根据图幅范围剪裁生成的影像数据,该技术可以利用通道巡检数据建立数字化输电通道台账,为输电通道管理带来极大便利;激光点云的基本原理是用激光雷达进行距离测量,该技术是利用无人机挂载激光雷达进行扫描,测量下方所有物体的三维空间位置,构建点云模型,该模型精度优于通过倾斜摄影生成的点云模型,但成本较高。无人机自主精细化巡检作业及基于深度学习的人工智能缺陷自动识别技术是为了解决无人机在精细化巡检作业中重复工作量大的问题而研发的。自主巡检是按照在三维模型中规划航线及拍摄点位、角度或记录上次精细化巡检作业航线及拍摄点位、角度,进行自主飞行巡检作业,该方法可以大大减少无人机精细化巡检的人工作业量;基于深度学习的人工智能缺陷识别技术是利用深度卷积神经网络算法服务对巡检图像数据进行预处理分类识别,在实际应用中通过数据积累不断提高智能识别的精度,最终达到生产实用化。该部分在介绍以上新技术的基础上,还提供了技术应用方法实例,使学员可以独立开展以上技术的尝试应用。

第五部分无人机安全操作规程,主要围绕2015版《架空输电线路无人机巡检作业安全工作规程》(简称《安全工作规程》)展开讲解。由于该版《安全工作规程》出版较早,近年来无人机技术已经有了长足进步,因此导致作业方法也有了很大的不同,但该版《安全工作规程》对现场实际工作仍有许多指导意义。该部分涵盖⑨无人机安全工作规程、⑩无人机工作票(单)填写知识及⑬无人机工作票(单)填写知识技能点,重点讲解无人机巡检作业安全规程与实际巡检工作结合的知识点,如巡检作业的人员要求,保证无人机巡检作业安全采取的技术措施和组织措施,详细的工作流程以及安全距离等安全知识点,对应急处置也有一定介绍。同时,对《安全工作规程》中要求填写的无人机巡检作业工作票(单)的填写使用规范做了详细讲解,明确了无人机巡检作业工作票(单)填写内容,指导作业人员正确填写使用安全票(单),对于规范化开展无人机巡检作业有现实意义。

第六部分无人机应急处置,主要内容是无人机事故处理流程、无人机故障征兆及无人机应急处理办法,涵盖 ㉑ 作业应急处置知识技能点。在架空输电线路无人机巡检作业中,由于气象条件、电磁环境、机械结构、电子系统、人为操作因素,不可避免会发生各种故障,甚至导致事故,需要作业人员尽可能了解可能发生的各种故障。该部分重点讲解无人机机械结构、控制系统、动力系统、通信系统各种故障发生的原因、征兆、应急处置办法,尽可能不让故障发展成为事故;重点讲解事故处理流程,对已经酿成的事故明确后续应急处置工作开展内容,讲解事故评估、隔离现场、舆情控制、事故上报和事故分析操作;重点讲解无人机事故分析、无人机飞行记录阅读、分析办法以及事故报告的编制方法。坠机事故几乎是每个多旋翼无人机驾驶员都会遇到的问题,本部分力求使学员遇到故障能够从容应对,尽可能减少无人机巡检作业中事故的发生。

3. 巡检数据处理

巡检数据处理主要内容为缺陷隐患识别、缺陷隐患分析及缺陷隐患报告编制,涵盖⑥输电线路运维相关知识、㉒ 巡检数据处理与分析、㉓ 缺陷与隐患识别、㉔ 缺陷与隐患分析、㉕缺陷隐患分析报告编制相关知识技能点。巡检数据处理是架空输电线路无人机巡检作业内部作业的主要内容,是完成巡检作业流程的关键部分。该部分重点讲解精细化巡检现场作业结束后对巡检数据的处理方法。按照国网公司无人机巡检作业数据提交清单及要求,对巡检数据进行重命名、归档,明确归档和命名规范。随后对巡检数据图片进行缺陷查找,现阶段该步骤几乎完全依靠人工完成,对人员的知识储备、运行经验、巡视技能有较高要求,结合架空输电线路运行规程和相应缺陷实例,对架空输电线路各个设备可能发生的缺陷一一进行讲解,介绍查找重点,并分析各种缺陷的发生原因、危害程度及缺陷发展情况。最后就公司无人机巡检作业数据报规范进行讲解,明确报表数据填写方法和填写要求,介绍无人机巡检报告样式。

本书对知识点①电工基础、②电力安全工作规程(线路部分)不做讲解,对知识点⑥输电线路运维相关知识只做部分讲解,以上知识由架空输电线路运维人员自行掌握。本书内容基本涵盖了对所有使用电动多旋翼无人机进行电力行业巡检作业人员的要求,为相关部门开展无人机巡检技能培训提供了教材,为无人机巡检工技能等级评价提供了参考资料。

1.4　无人机作业管理

随着国网公司整体人员结构和工作管理模式的变化以及城市发展导致的线路环境变化,架空输电线路运维工作主要分为本体巡检和通道巡检。本体巡检工作按照运维管理规定和运行规程,以月为周期,对杆塔所有部件进行检查,通常通过 PDA 辅助检查工作。通道运维主要以防止外力破坏、树障、异物、鸟害为主,重点巡视线路通道环境内容。杆塔本体巡检要求细节较高,需要对杆塔进行仔细检查,但所检查内容一般变化较慢,因此可以按照较长周期进行巡视。

现阶段架空输电线路无人机巡检作业主要为针对本体的精细化巡检作业,即使用多旋翼类无人机对架空输电线路杆塔所有部件进行拍摄,随后对无人机所拍摄照片分析整理,查找其中的隐患与缺陷;次要为针对通道的通道巡检,即使用正射方式沿架空输电线路通道进行拍摄,实时获取活动内施工等活动情况和杆塔、导线上的大型隐患情况。精细化巡检以及通道巡检作业方式还可应用于故障快速查找、新建线路验收、现场作业勘察等。两种巡视方式在应用无人机巡检后,巡视效率和巡视质量都得到了很大的提升。

首先,在本体巡检工作中,使用小型多旋翼无人机进行精细化巡检,相比常规巡检,节省了作业人员到达塔下的时间,在实际巡检作业中,作业人员到达塔下并围绕杆塔进行检查的路径通常很难走,需要耗费大量时间和精力,使用无人机可以完全避免这一问题。其次,空中多角度拍摄对杆塔细节的呈现能力远优于人工地面检查,较优于人工登塔检查,同时完全避免了人工作业时的各类风险,在巡视质量上整体优于传统人工检查,同时安全性有了极大提升。再次,无人机巡检完成后,巡检结果数据大部分是以照片的形式保存回来进行整理分析,这些照片不仅仅是无人机巡检工作的过程数据,同时也是架空输电线路杆塔的精准影像台账,影像台账相比数据台账,其内容的丰富性、准确性、真实性都是具有明显优势的。最后,无人机巡检可以使员工在不登塔、不停电的情况下快速了解设备情况,这对于新进员工是十分友好的,在一定程度上改变了目前架空输电线路专业员工的成长模式,有助于员工快速成才。

相比传统巡检作业模式,无人机巡检在推广应用中也存在以下问题。一是作为一项新技术、新技能,人才基础较为薄弱,同时基层运维班组负担较重,不少公司存在人工、无人机双轨巡视,增加了整体工作量,因此难以完全依靠自身力量快速大规模开展无人机巡检作业。二是无人机技术发展过快,相关法律法规更新速度无法赶上无人机技术更新及应用速度,不少巡检作业处于法律法规的盲区,为规范化作业带来一定困扰。三是无人机杆塔精细化巡检较传统巡检作业复杂,精细化巡检分为内业与外业两部分,现场进行杆塔拍照,缺陷查找需要到计算机上进行,而传统作业直接在现场完成缺陷查找工作,作业时间直观上较传统巡检长,影响了无人机巡检作业的推广。四是空域申请流程不顺畅,小型多旋翼无人机巡检作业空域申请分散,整体申请量大,申请过程不透明,空域管理工作有所欠缺。

针对架空输电线路无人机巡检的优势与劣势,各地方都在探索最大化提升巡检效率的立体智能巡检模式。无论是在组织管理、作业管理还是人才培养上,都在进行各种探索。目前,各个网省都成立了无人机巡检班组,规范化开展无人机巡检作业,同时指导公司无人机巡检作业开展,在一些不具备专业班组的公司或部门中,开展了运维班组无人机化转型尝试,将无人机巡检工作融入传统运维工作中,将无人机作为基本工具,无人机巡检作为基本技能,无人机巡检作业作为基本运维方法,加强人工协同巡检,逐步实现无人机化运维班组。

根据国网公司"三型两网"的战略目标要求,结合各公司运维工作实际情况和管理要求,充分利用无人机等新技术,构建架空输电线路智能立体巡检模式,增加员工无人机巡检现场实际经验,让架空输电线路无人机巡检技术在年轻巡检工人中扎根落地,做到背景知识丰富、基础技能扎实,将核心技术掌握到手中,为下一步深化架空输电线路无人机巡检应用和加快无人机巡检创新工作提供丰富的人才储备。

第 2 章　无人机系统、相关法律法规、无人机维护保养

2.1　无人机系统

2.1.1　无人机系统的组成

无人机系统(Unmanned Aircraft System),又称无人驾驶航空器系统,是由无人机平台、控制站(又称地面站)、通信链路、其他部件组成的系统。

无人机系统视距内驾驶员,控制与无人机系统保持直接目视视距范围以内的运行,且该范围为目视视距内半径不大于 500 m,人、机相对高度不大于 120 m。

无人机系统超视距驾驶员,控制与无人机系统保持直接目视视距范围以外的运行。

2.1.1.1　无人机平台

航空器依据产生升力原理的不同,主要分为三种:一是轻于空气的航空器,如气球、飞艇等;二是重于空气的航空器,如固定翼航空器、旋翼航空器、扑翼机、变模态机;三是杂交航空器,具体如图 2.1 所示。

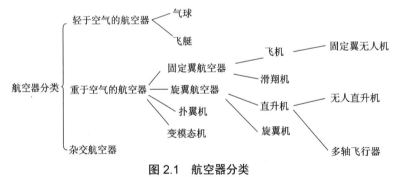

图 2.1　航空器分类

其中,无人机平台主要使用重于空气的航空器。无人机平台较有人机飞行平台更加简洁,主要体现在平台尺寸较小,无须考虑维持生命系统的过载、耐久等因素,因此在造价、场地、保障等方面需求较小。

1.航空器平台

1)固定翼无人机平台

固定翼无人机平台是一种在大气层内飞行的重于空气的无人航空器,由动力装置产生前进的推力或拉力,由机体上固定的机翼产生向上的升力。

2）旋翼无人机平台

旋翼无人机平台是一种在大气层内飞行的重于空气的无人航空器，空中飞行的升力是由一个或多个旋翼与空气进行相对运动产生的反作用获得，与固定翼无人机平台相互对应。

Ⅰ.无人直升机平台

无人直升机平台是一种由单个或多个水平旋转的旋翼提供升力与推进力而实现飞行的航空器，如图 2.2 所示。

图 2.2　无人直升机平台

Ⅱ.多轴飞行器平台

多轴飞行器平台是一种具有三个及以上旋翼轴的特殊的直升机，如图 2.3 所示。其旋翼的总距固定，且不同于一般直升机可进行变距。其通过改变不同旋翼之间的相对转速，改变单轴推进力的大小，从而控制飞行器的飞行运动轨迹。

图 2.3　多轴飞行器平台

Ⅲ.旋翼机平台

旋翼机平台（又称自转旋翼机或自旋翼机）是旋翼航空器中的一类，如图 2.4 所示。它的特点是旋翼没有动力装置驱动,升力的产生仅靠前进时的相对气流吹动旋翼自转。

图2.4　旋翼机平台

2.动力装置

动力装置是航空器的发动机以及保证发动机正常工作所必需的系统和附件的总称。

无人机平台主要的动力装置分为活塞式发动机、电动机、涡喷发动机、冲压发动机等,目前民用无人机平台主流动力装置为活塞式发动机和电动机两种。

1)活塞式动力装置

活塞式发动机(又称往复式发动机),主要结构为气缸、连杆、活塞、曲轴、螺旋桨减速器、气门机构、机匣等。活塞式发动机属于内燃机的一种,它通过气缸内燃料的燃烧,将热能(内能)转变为机械能。活塞式发动机组成系统分为发动机本体、增压器、点火系统、进气系统、燃油系统、润滑系统、启动系统以及排气系统。

2)电动式动力装置

目前,活塞式发动机被广泛应用于大型、中型、小型、轻型无人机平台。但考虑到成本限制和使用便利性,微型无人机平台普遍采取电动动力系统作为动力装置,电动动力系统主要分为三部分:动力电机、动力电源、调速系统。

Ⅰ.动力电机

微型无人机平台的动力电机分为两类:有刷电机和无刷电机。其中,有刷电机效率较低,在无人机应用领域基本不再使用;主流电机为无刷电机,如4108无刷外转子电机是指其定子线圈的直径是41 mm,定子高度是8 mm。

电机转速一般用kV值表示,所谓kV值是指每伏特(V)能达到的每分钟转速。例如,kV2000的电机,11.1 V电池,其电机转速为2 000×11.1=22 200,即每分钟22 200转。

4108无刷外转子动力电机如图2.5所示。

图 2.5　4108 无刷外转子动力电机（kV480）

Ⅱ. 动力电源

电动机运转所需要的电能主要是由动力电源提供,主要应用锂聚合物动力电池,如图 2.6 所示。

锂聚合物电池的标称电压为 3.7 V,充电满电电压为 4.2 V,放电保护电压为 3.6 V。例如,6S 电池,标称电压为 22.2 V,满电电压为 25.2 V,保护电压为 21.6 V。

毫安时（mA·h）表示电池容量,即电池以某个电流来放电能维持 1 h。例如,16 000 mA·h 表示这个电池能保持 16 000 mA（16 A）放电 1 h。需要注意的是,电池放电并非线性,所以不能说以 8 000 mA 放电 2 h。

电池的放电能力是以倍率（C）来表示的,表示按照电池的标称容量最大可达到多大的放电电流。例如,一个 16 000 mA·h、15 C 的电池,其最大放电电流为 16 000×15=240 000 mA,即 240 A。

图 2.6　锂聚合物电池（15 C、16 000 mA·h、22.2 V）

Ⅲ. 调速系统

电调全称为电子调速器（Electronic Speed Controller,ESC）,为动力电机的调速系统,如图 2.7 所示。根据电机类型的不同,电调分为有刷电调和无刷电调,可根据控制信号来调节电动机的转速。

连接方式一般如下:

（1）ESC 的输入线与电池相连接;

（2）ESC 的输出线（无刷 3 根、有刷 2 根）与电机相连接;

（3）ESC 的信号线与接收机相连接。

ESC 一般有电源（电压）输出功能（BEC），即在信号线的正负极之间有 5 V 电压输出，通过信号线为接收机及舵机供电。

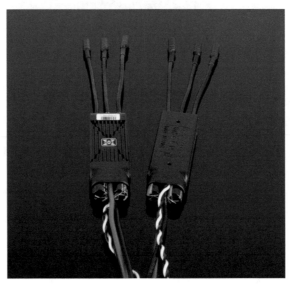

图 2.7　电子调速器

3）其他动力装置（涡喷、螺旋桨等）

目前，小型涡轮喷气发动机已在少数高速无人靶机及突防无人机中得到应用。

轻型、微型无人机常用定距螺旋桨，一般采用 2 叶桨，少数采用 3 叶桨、4 叶桨等，并定义右旋前进的桨为正桨，左旋前进的桨为反桨。

3. 导航飞控系统

1）飞控子系统

飞控子系统是整个飞行过程的核心系统，负责无人机平台的起飞（发射）、空中飞行、任务执行、着陆（回收）等，对无人机平台实现全过程管控，因此飞控子系统相当于驾驶员，是无人机平台执行任务的关键。

飞控子系统主要具有以下功能：

（1）无人机平台姿态稳定与控制；

（2）与导航子系统协调完成飞行航迹控制；

（3）无人机起飞（发射）与着陆（回收）控制；

（4）无人机空中飞行管理；

（5）无人机任务设备管理与控制；

（6）突发状况应急控制；

（7）信息收集与传递。

2）导航子系统

导航子系统的功能是向无人机平台提供相对于选定参考坐标系的位置、速度、飞行姿态,指引无人机沿指定飞行航线安全、准确、准时地飞行,因此导航子系统相当于领航员。

导航子系统主要具有以下功能:

(1)获得必要导航要素,如高度、速度、航向、姿态;

(2)给出满足精度要求的定位信息,如经度、纬度;

(3)指引无人机按规定计划飞行;

(4)接收预定任务航线计划的装定,并对任务航线的执行进行动态管理;

(5)接收控制站的导航模式控制指令并执行,指令导航模式与预定航线飞行模式可以相互切换;

(6)接收并融合无人机其他设备的辅助导航定位信息;

(7)配合其他系统完成各种任务。

3)导航飞控系统常用传感器——眼

无人机导航飞控系统常用的传感器有角速率传感器、加速度传感器、位置传感器、高度传感器、姿态传感器、迎角/侧滑角传感器及空速传感器等,以上传感器构成了无人机导航飞控系统的设计基础,如图 2.8 所示。

图 2.8　导航飞控系统常用传感器

4)导航飞控系统执行机构——手

无人机平台执行机构都是伺服动作设备,是导航飞控系统的重要组成部分。其主要功能是根据飞控计算机的指令,按规定的静态和动态要求,通过对无人机各控制舵面等的控制,实现对无人机的飞行控制。其中,电动伺服执行机构是由电动机、驱动电路、位置传感器、测速装置、齿轮传动装置等构成的。

5)导航飞控系统——飞控计算机硬件

导航飞控计算机(又称飞控计算机)是导航飞控系统的核心部件,如图 2.9 所示。

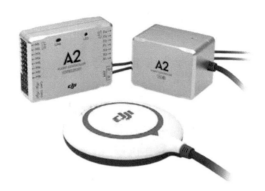

图 2.9   导航飞控计算机

4. 电气系统

无人机电气系统包括电源、配电系统、用电设备三部分。其中,电源和配电系统两者统称为供电系统,满足规定设计要求向无人机各用电系统或设备提供电能。

5. 任务设备类型

按用途可以将任务设备分为民用专用设备、军用专用设备、测绘设备、侦察搜索设备等。其中,测绘设备是测绘雷达、航拍相机等;侦察搜索设备常用的有光电平台、SRA 雷达、激光测距仪等,如图 2.10 和图 2.11 所示。

图 2.10   机载云台和相机

图 2.11   小型机载相机

2.1.1.2　控制站

1. 控制站（无人机地面站）介绍

无人机地面站也称控制站、遥控站或任务规划与控制站，如图 2.12 所示。无人机地面站系统的功能包括指挥调度、任务规划、操作控制、显示记录等。

（1）指挥调度功能主要包括上级指令接收、系统之间联络、系统内部调度。

（2）任务规划功能主要包括飞行航路规划与重规划、任务载荷工作规划与重规划。

（3）操作控制功能主要包括起降操纵、飞行控制操作、任务载荷操作、数据链控制。

（4）显示记录功能主要包括飞行状态参数显示与记录、航迹显示与记录、任务载荷信息显示与记录等。

图 2.12　控制站

2. 控制站显示系统

控制站（地面站）内的飞行控制席位、任务设备控制席位、数据链管理席位都设有相应分系统的显示装置，可设置所显示的内容、方式、范围。

（1）飞行参数综合显示，包括飞行与导航信息、数据链状态信息、设备状态信息、指令信息。

（2）告警视觉，包括灯光、颜色、文字；听觉，包括语音、音调。一般分为提示、注意和警告三个级别。

（3）地图航迹显示，包括导航信息显示、航迹绘制显示以及地理信息显示。

3. 控制站操纵系统

无人机操纵与控制包括起降操纵、飞行控制、任务设备（载荷）控制和数据链管理等。控制站（地面站）内设有相应分系统的操作装置，对应飞行控制席位、任务设备控制席位、数据链管理席位。

4. 控制站起降操纵

起降阶段是无人机操纵中最难的控制阶段，起降控制程序应简单、可靠且操纵灵活，操纵人员可直接通过操纵杆和按键快捷介入控制通道，控制无人机起降，如图 2.13 所示。根据无人机不同的类别及起飞质量,其起飞降落的操纵方式也有所不同。

图 2.13　控制站起降操纵

5. 控制站飞行操纵

飞行操纵是指采用遥控方式对无人机在空中的整个飞行过程的控制,如图 2.14 所示。无人机的种类不同、执行任务的方式不同,这决定了无人机有多种飞行操纵方式,一般包括自主控制、组合控制(人工修正及姿态遥控)等。

图 2.14　控制站飞行操纵

6. 控制站任务与链路操纵

任务设备控制是地面站任务操纵人员通过任务控制单元,发送任务控制指令,控制机载任务设备工作;同时地面站任务控制单元处理并显示机载任务设备工作状态,供任务操纵人员判读和使用。

数据链管理主要是对数据链设备进行监控,使其完成对无人机的测控与信息传输任务。机载数据链主要有 V/UHF 视距数据链、L 视距数据链、C 视距数据链、UHF 卫星中继数据链、Ku 卫星中继数据链。

2.1.1.3　通信链路

无人机通信链路主要用于无人机系统传输控制、无载荷通信、载荷通信三部分信息的无线电链路。

ITU-R M.2171 报告给出的无人机系统通信链路是指控制和无载荷链路,主要包括指挥与控制(C&C)、空中交通管制(ATC)、感知和规避(S&A)三种链路。

1. 通信链路机载终端与天线

无人机系统通信链路机载终端常被称为机载电台,集成于机载设备中。视距内通信的无人机多数安装全向天线,需要进行超视距通信的无人机一般采用自跟踪抛物面卫通天线。

2. 通信链路地面终端与天线

民用通信链路的地面终端硬件一般会被集成到控制站系统中,称作地面电台,部分地面终端会有独立的显示控制界面。视距内通信链路地面天线采用鞭状天线、八木天线和自跟踪抛物面天线,需要进行超视距通信的控制站还会采用固定卫星通信天线。

2.1.2　无人机飞行原理

2.1.2.1　机翼

1. 机翼翼型及其参数

翼型:机翼的横剖面形状。

翼型厚度:上下翼面在垂直于翼弦方向的距离,其中最大者称为最大厚度。

中弧线:翼型厚度中点的连线。

翼弦:翼型前缘点与后缘点间的连线。

翼型弯度:中弧线与翼弦之间的最大距离。

2. 机翼平面形状参数

上反角或下反角:飞机处于水平状态时,机翼与水平面之间的夹角。机翼向上为上反角,向下为下反角。

机翼迎角:翼弦和相对来流之间的夹角。

2.1.2.2　伯努利定律

伯努利方程

$$p+1/2\rho v^2 = 常数$$

伯努利方程表明,流速大的地方,动压大,静压就小;流速小的地方,动压小,静压就大。根据连续性原理,同一体积的空气,流经截面小的地方速度快,流经截面大的地方速度慢。

2.1.2.3　作用在飞机上的空气动力

通常,机翼翼型的上表面凸起较多而下表面比较平直,再加上有一定的迎角,使从前缘到后缘,上翼面的气流流速比下翼面的气流流速快;上翼面的静压比下翼面的静压低,上下翼面间形成压力差,此静压差称为作用在机翼上的空气动力。

空气动力合力在垂直于气流速度方向上的分量就是机翼的升力(托举力),如图2.15所示。

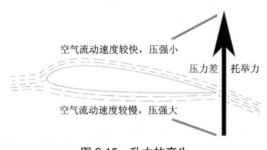

空气流动速度较快,压强小

压力差　托举力

空气流动速度较慢,压强大

图2.15　升力的产生

2.1.2.4　失速

因为迎角过大,机翼上表面的气流不能维持平滑的流动,气流一绕过前缘很快就开始分离,产生流向不定的杂乱无章的流动。这种流动状态使机翼上表面的压力加大,升力也就很快下降。这种现象称为"失速"。每次失速的直接原因就是迎角过大。

三种情况下迎角会超过临界迎角:低速飞行、高速飞行、转弯飞行。

2.1.2.5　阻力

按阻力产生的原因,无人机低速飞行时的阻力一般可分为摩擦阻力、压差阻力、诱导阻力、干扰阻力。

(1)压差阻力:运动着的物体前后由于压力差而形成的阻力。

(2)诱导阻力:翼面所独有的一种阻力,伴随着升力的产生而产生,因此可以说它是为了产生升力而付出的一种"代价"。

(3)干扰阻力:飞机各部分之间由于气流相互干扰而产生的一种额外的阻力。

2.1.2.6　飞行性能

无人机平衡旋翼反扭矩的各种情况如图2.16所示,机体坐标系如图2.17所示。

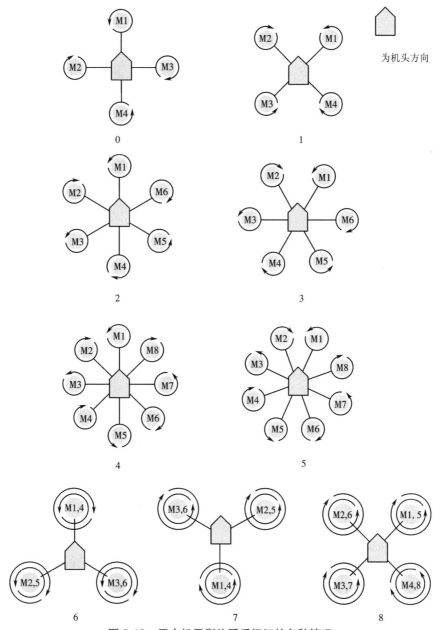

图 2.16　无人机平衡旋翼反扭矩的各种情况

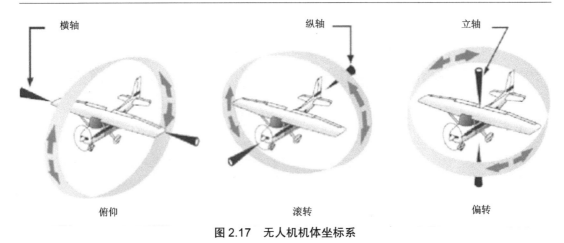

图 2.17　无人机机体坐标系

1. 气动焦点

焦点是这样的一个点——当飞机的迎角发生变化时,飞机的气动力对该点的力矩始终不变,因此它可以理解为飞机气动力增量的作用点。焦点的位置是决定飞机稳定性的重要参数。焦点位于飞机重心之前,则飞机是不稳定的,焦点位于飞机重心之后,则飞机是稳定的。

2. 稳定性

1)飞机的纵向稳定性

飞机绕横轴(z轴)的稳定称为纵向稳定,它反映了飞机的俯仰稳定特性。

飞机主要靠水平尾翼来保证纵向稳定,而飞机的重心位置对飞机的纵向稳定性有很大影响。

2)飞机的方向稳定性

飞机绕立轴(y轴)的稳定称为方向稳定,也称为航向稳定。

飞机主要靠垂直尾翼来保证其方向稳定。飞机的侧面迎风面积、机翼后掠角、发动机短舱等对飞机的方向稳定也有一定的影响。

3)飞机的侧向稳定性

飞机绕纵轴(x轴)的稳定称为侧向稳定,它反映了飞机的滚转稳定特性。

影响飞机侧向稳定的主要因素有机翼上反角、机翼后掠角和垂直尾翼。

4)飞机的横侧稳定性

可以看出,飞机的侧向稳定和方向稳定是紧密联系且相互影响的,因此通常合称为"横侧稳定"。

飞机的侧向稳定和方向稳定必须很好匹配。若匹配不当,飞机将有可能出现"螺旋不稳定"或"荷兰滚不稳定"现象。

3. 飞机的操纵性

飞机的操纵主要是通过驾驶杆和脚蹬等操纵机构偏转飞机的三个主操纵面——升降舵、方向舵和副翼来实现的。

飞机的操纵包括俯仰操纵、方向操纵和侧向操纵。

1）俯仰操纵

使飞机绕横轴（z 轴）作俯仰（纵向）运动的操纵称为俯仰操纵，也称为纵向操纵。

通过推、拉驾驶杆，使飞机的升降舵（或全动平尾）向下或向上偏转，产生俯仰力矩，从而使飞机低头或抬头作俯仰运动。

2）方向操纵

使飞机绕立轴（y 轴）作偏航运动的操纵称为方向操纵，也称为航向操纵。

通过蹬脚蹬，使飞机的方向舵向左或向右偏转，产生偏航力矩，从而使飞机向左或向右作偏航运动。

3）侧向操纵

使飞机绕纵轴（x 轴）作滚转（倾侧）运动的操纵称为侧向操纵。

通过左压驾驶杆（左转手轮）使飞机的左副翼向上、右副翼向下偏转，产生左滚转（倾侧）力矩，从而使飞机向左作滚转（倾侧）运动；右滚转的操纵与之相反。

2.2　无人机相关法律法规

近年来，民用无人机技术逐渐成熟，制造成本和进入门槛不断降低，民用无人机价格也不断下探，从数年前的动辄数万数十万降低到了花费千余元就可以买到一台入门级的无人机。民用无人机的应用范围也从主要用于特殊行业扩展到各行各业。近几年，无人机甚至成为一种引领时尚的大众消费品。民用无人机数量的增长使得无人机驾驶员数量也在快速增长。为了规范无人机的飞行活动，中国民航局颁布了多项管理文件，有些管理文件经过多次修订与更新，如在驾驶员管理方面，中国民航局于 2013 年 11 月 18 日发布了《民用无人驾驶航空器系统驾驶员管理暂行规定》（AC-61-FS-2013-20），2016 年 7 月 11 日发布了《民用无人机驾驶员管理规定》（AC-61-FS-2016-20R1），2018 年 8 月 31 日又发布了《民用无人机驾驶员管理规定》（AC-61-FS-2018-20R2）。在飞行前了解无人机相关的法律法规与最新的管理文件，知晓如何合法合规飞行是一件十分必要的事情。

本书梳理了共八项现行民用无人机相关法律法规以及两项征求意见稿，本节将首先对这八项法律法规及两项征求意见稿进行逐一简介，其次介绍无人机系统的基本定义、分类和运行管理，然后给出笔者归纳出的无人机合规飞行的必备条件，最后依次介绍空域与空域管理、驾驶员执照管理、民用无人机登记注册相关内容。

2.2.1　民用无人机相关法律法规简介

在讲述相关法律法规之前，先来了解一下我国的航空法规文件体系。我国的航空法规文件体系以《芝加哥公约》为基础，以《美国联邦航空条例》和《欧洲联合航空规章》及其他国家和地区的航空法律规章为主要参考内容，结合中国民航的实际情况，吸收过去颁发的规章文件中的适用部分而自成体系。我国的航空法规的文件体系如图 2.18 所示。

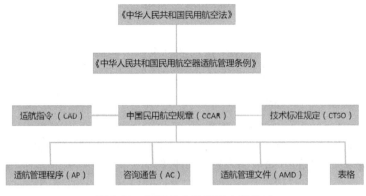

图 2.18　我国航空法规的文件体系

　　然而无人机不仅归属于民航局管,其还涉及军方、工业和信息化部以及公安部等多个部委。民航局主要涉及民用无人机的适航性、操控人员资质、运行管理、飞行管理,也涉及一部分的空域管理。空域管理主要由军方主导。民用无人机的制造和产业政策主要由工信部负责,主要涉及发展规划以及生产、制造无人机的标准等。民用无人机的公共安全问题主要由公安部负责,从网络上都可以了解到,许多民用无人机的执法都是由公安部门进行的。

2.2.1.1　《中华人民共和国民用航空法》

　　《中华人民共和国民用航空法》由第八届全国人民代表大会常务委员会第十六次会议于 1995 年 10 月 30 日通过,自 1996 年 3 月 1 日实施,历经 5 次修订,当前版本为 2018 年 12 月 29 日第十三届全国人民代表大会常务委员会第七次会议修订版。

　　《中华人民共和国民用航空法》是中国民用航空法律体系的核心,是从事民用航空活动的单位和个人都必须遵守的基本法律,其内容共 16 章,包括民用航空器国籍、权利、适航管理、航空人员、民用机场、空中航行、公共航空运输、公共航空运输企业、通用航空等内容。

2.2.1.2　《中华人民共和国飞行基本规则》

　　现行的《中华人民共和国飞行基本规则》于 2000 年 7 月 24 日由中华人民共和国国务院、中华人民共和国中央军事委员会令第 288 号公布,历经两次修订,最近一次修订为 2007 年 10 月 18 日。

　　《中华人民共和国飞行基本规则》共分为 12 章,包括总则,空域管理,飞行管制,机场区域内飞行,航路和航线飞行,飞行间隔,飞行指挥,飞行中特殊情况的处置,通信、导航、雷达、气象和航行情报保障,对外国航空器的特别规定,法律责任等内容,附则。

2.2.1.3　《通用航空飞行管制条例》

　　《通用航空飞行管制条例》是根据《中华人民共和国民用航空法》和《中华人民共和国飞行基本规则》制定的,其目的是促进通用航空事业的发展,规范通用航空飞行活动,保证飞行安全。该条例自 2003 年 5 月 1 日起施行。

　　《通用航空飞行管制条例》共分为 7 章,主要包括总则、飞行空域的划设与使用、飞行活动的管理、飞行保障、升放和系留气球的规定、法律责任、附则等内容。《通用航空飞行管制条例》对于划设临时飞行空域、提出飞行计划申请做了详细的规定,是民用无人机空域管理的主要依据。

2.2.1.4 《轻小无人机运行规定》

《轻小无人机运行规定(试行)》是中国民航局于 2015 年 12 月 29 日发布的咨询通告,全文共 18 章,明确规定了民用无人机的分类,相关基本定义,民用无人机机长、驾驶员相关要求,飞行准备与限制空域,同时对民用无人机电子围栏、无人机云、投保地面第三者责任险提出了要求。

2.2.1.5 《民用无人驾驶航空器系统空中交通管理办法》

中国民航局于 2009 年 6 月下发了《民用无人驾驶航空器系统空中交通管理办法》(MD-TM-2009-002),2016 年 9 月重新下发了《民用无人驾驶航空器系统空中交通管理办法》(MD-TM-2016-004)。该办法适用于依法在航路航线、进近(终端)和机场管制地带等民用航空使用空域范围内或者对以上空域内运行存在影响的民用无人驾驶航空器系统活动的空中交通管理工作。该办法共分 5 章,包括总则、评估管理、空中交通服务、无线电管理、附则等内容。

2.2.1.6 《民用无人机驾驶员管理规定》

中国民航局于 2013 年 11 月 18 日发布了《民用无人驾驶航空器系统驾驶员管理暂行规定》(AC-61-FS-2013-20); 2016 年 7 月 11 日发布了《民用无人机驾驶员管理规定》(AC-61-FS-2016-20R1),原 2013 版《民用无人驾驶航空器系统驾驶员管理暂行规定》作废; 2018 年 8 月 31 日又发布了《民用无人机驾驶员管理规定》(AC-61-FS-2018-20R2),原 2016 版《民用无人机驾驶员管理规定》作废。第一次修订内容主要包括重新调整无人机分类和定义,新增管理机构管理备案制度,取消部分运行要求。第二次修订内容主要包括调整监管模式,完善由局方全面直接负责执照颁发的相关配套制度和标准,细化执照和等级颁发要求和程序,明确由行业协会颁发的原合格证转换为由局方颁发的执照的原则和方法。

现行《民用无人机驾驶员管理规定》主要包括术语定义、无人机执照等级要求、无人机系统驾驶员管理等内容,是民用无人机驾驶员证照要求的主要依据。

2.2.1.7 《民用无人驾驶航空器实名制登记管理规定》

中国民航局于 2017 年 5 月 16 日下发了《民用无人驾驶航空器实名制登记管理规定》(AP-45-AA-2017-03),要求自 2017 年 6 月 1 日起,民用无人机的拥有者必须按照该管理规定的要求进行实名登记,规定了民用无人机实名登记的流程、信息内容、登记标志、标识要求及登记信息的更新等内容,是民用无人机实名登记的主要依据。

2.2.1.8 《民用无人驾驶航空器经营性飞行活动管理办法》

中国民航局于 2018 年 3 月 21 日下发了《民用无人驾驶航空器经营性飞行活动管理办法(暂行)》(MD-TR-2018-01),主要规定了应当取得经营许可证的机型要求与活动类别,同时规定了许可证申请条件及程序、监督管理等内容。

2.2.1.9 《低空空域使用管理规定（试行）》（征求意见稿）

2014 年，在空域管理方面，《低空空域使用管理规定（试行）》（征求意见稿）出台，围绕着空域分类划设、空域准入使用、飞行计划审批报备、相关服务保障、行业监管和违法违规飞行查处等方面以及未来低空空域（我国真高 1 000 m（含）以下区域）的管理进行了详细阐述。但需要注意的是，该规定仍处于征求意见稿状态，并未正式实施，因此不能作为进行飞行活动的有效依据。

2.2.1.10 《无人驾驶航空器飞行管理暂行条例》（征求意见稿）

2018 年 1 月，中华人民共和国国务院、中央军委空中交通管制委员会办公室组织起草了《无人驾驶航空器飞行管理暂行条例》（征求意见稿），向社会公布并公开征求意见。

《无人驾驶航空器飞行管理暂行条例》（征求意见稿）共分为 7 章，包括总则、无人机系统、无人机驾驶员、飞行空域、飞行运行、法律责任及附则等内容。

该征求意见稿根据运行风险大小，将民用无人机分为微型、轻型、小型、中型、大型五类，并再次规定了民用无人机实名注册登记，从事商业活动应当取得经营许可，强制投保第三者责任险，无人机驾驶员等内容。其最大的突破当属在空域管理及飞行计划报批方面，首次提出了轻型无人机适飞空域的概念，并且规定轻型无人机在适飞空域上方不超过飞行安全高度飞行可不划设隔离空域。微型无人机在禁止飞行空域外飞行，无须申请飞行计划。轻型、植保无人机在相应适飞空域飞行，无须申请飞行计划，但需向综合监管平台实时报送动态信息。这意味着，一旦该征求意见稿能够正式实施，民用无人机的空域申请、飞行计划报批流程将大大简化。但遗憾的是，《无人驾驶航空器飞行管理暂行条例》（征求意见稿）也并未正式实施，以上美好愿望的实现尚需时日。

2.2.2 无人机系统的基本定义、分类和运行管理

2.2.2.1 无人机系统的基本定义

无人机系统驾驶员：由运营人指派，对无人机的运行负有必不可少的责任，并在飞行期间适时操纵无人机的人。

等级：填在执照上或与执照有关并成为执照一部分的授权，说明关于此种执照的特殊条件、权利或限制。

类别等级：根据无人机产生气动力及不同运动状态依靠的不同部件或方式，将无人机进行划分并成为执照一部分的授权，说明关于此种执照的特殊条件、权利或限制。

视距内运行：无人机在驾驶员或观测员与无人机保持直接目视视觉接触的范围内运行，且该范围为目视视距内半径不大于 500 m，人、机相对高度不大于 120 m，在相关规定中作为驾驶员等级中的一种。

超视距运行：无人机在目视视距以外的运行，在相关规定中作为驾驶员等级中的一种。

扩展视距运行：无人机在目视视距以外的运行，但驾驶员或者观测员借助视觉延展装置操作无人机，属于超视距运行的一种。

授权教员:持有按本规定颁发的具有教员等级的无人机驾驶员执照,并依据其教员等级上规定的权利和限制执行教学的人员。

运营人:指从事或拟从事航空器运营的个人、组织或者企业。

无人机观测员:由运营人指定的训练有素的人员,通过目视观测无人机,协助无人机驾驶员安全实施飞行,通常由运营人管理,无证照要求。

控制站(也称遥控站、地面站):无人机系统的组成部分,包括用于操纵无人机的设备。

指令与控制数据链路:无人机和控制站之间为飞行管理之目的的数据链接。

感知与避让:指看见、察觉或发现交通冲突或其他危险,并采取适当行动的能力。

无人机感知与避让系统:指无人机机载安装的一种设备,用以确保无人机与其他航空器保持一定的安全飞行间隔,相当于载人航空器的防撞系统。在融合空域中运行的Ⅺ、Ⅻ类无人机应安装此种系统。

融合空域:指有其他航空器同时运行的空域。

隔离空域:指专门分配给无人机系统运行的空域,通过限制其他航空器的进入来规避碰撞风险。

人口稠密区:城镇、村庄、繁忙道路或大型露天集会场所等区域。

重点地区:军事重地、核电站和行政中心等关乎国家安全的区域及周边,或地方政府临时划设的区域。

机场净空区(也称机场净空保护区域):为保护航空器起飞、飞行和降落安全,根据民用机场净空障碍物限制图要求划定的空间范围。

空机质量:不包含载荷和燃料的无人机质量,该质量包含燃料容器和电池等固体装置。

无人机云系统(简称无人机云):指轻小型民用无人机运行动态数据库系统,用于向无人机用户提供航行服务、气象服务等,对民用无人机运行数据(包括运营信息、位置、高度和速度等)进行实时监测。接入系统的无人机应即时上传飞行数据,无人机云系统对侵入电子围栏的无人机具有报警功能。

电子围栏:为阻挡即将侵入特定区域的航空器,在相应电子地理范围中画出特定区域,并配合飞行控制系统、保障区域安全的软硬件系统。

主动反馈系统:运营人主动将航空器的运行信息发送给监视系统。

被动反馈系统:航空器被雷达、ADS-B 系统、北斗等从地面进行监视的系统,该反馈信息不经过运营人。

分布式操作:把无人机系统操作分解为多个子业务,部署在多个站点或者终端进行协同操作的模式,不要求个人具备对无人机系统的完全操作能力。

2.2.2.2　无人机分类

无人机的分类在《轻小无人机运行规定(试行)》及《民用无人机驾驶员管理规定》中均有规定,《轻小无人机运行规定(试行)》中只规定了可在视距内或视距外操作的、空机质量小于或等于 116 kg、起飞全重不大于 150 kg 的无人机,校正空速不超过 100 km/h;起飞全重不超过 5 700 kg,距受药面高度不超过 15 m 的植保类无人机;充气体积在 4 600 m³ 以下的无人飞艇。《民用无人机驾驶员管理规定》中的规定更全面,多了XI类及XII类两级分类,所以本书采用了《民用无人机驾驶员管理规定》中关于无人机分类的规定,见表2.1。

表2.1　无人机分类

分类等级	空机质量(kg)	起飞全重(kg)
I	\multicolumn{2}{c}{0<W≤0.25}	
II	0.25<W≤4	1.5<W≤7
III	4<W≤15	7<W≤25
IV	15<W≤116	25<W≤150
V	\multicolumn{2}{c}{植保无人机}	
XI	116<W≤5 700	150<W≤5 700
XII	\multicolumn{2}{c}{W>5700}	

注:①实际运行中,III、IV、XI类分类有交叉时,按照较高要求的一类分类。

②对于串、并列运行或者编队运行的无人机,按照总质量分类。

③地方政府(例如当地公安部门)对于I、II类无人机质量界限低于本表规定的,以地方政府的具体要求为准。

2.2.2.3　无人机运行管理

(1)电子围栏。

① 对于III、IV、XI和XII类无人机,应安装并使用电子围栏。

② 对于在重点地区和机场净空区以下运行II类和V类无人机,应安装并使用电子围栏。

(2)接入无人机云的民用无人机。

① 对于在重点地区和机场净空区以下使用的II类和V类民用无人机,应接入无人机云,或者仅将其地面操控设备位置信息接入无人机云,报告频率最少为每分钟一次。

②对于III、IV、XI和XII类民用无人机应接入无人机云,在人口稠密区报告频率最少为每秒一次,在非人口稠密区报告频率最少为每30秒一次。

③对于IV类民用无人机,增加被动反馈系统。

(3)未接入无人机云的民用无人机运行前需要提前向管制部门提出申请,并提供有效监视手段。

(4)根据《中华人民共和国民用航空法》规定,无人机运营人应当对无人机投保地面第三者责任险。

2.2.3　合规飞行的必备条件

下面给出一次合规的飞行到底应该满足哪些条件。

对于民用无人机,合规飞行的必备条件有:

(1)已按照《通用航空飞行管制条例》中有关要求向空管部门申请临时空域,报批飞行计划且得到放飞许可;

（2）作业人员持有满足《民用无人机驾驶员管理规定》中有关要求的相应等级的无人机驾驶执照；

（3）无人机已按照《民用无人驾驶航空器实名制登记管理规定》中有关要求实施实名登记和粘贴登记标志；

（4）无人机运营人已对无人机投保地面第三者责任险；

（5）从事经营性飞行活动还需要按照《民用无人驾驶航空器经营性飞行活动管理办法（暂行）》中有关要求取得经营许可证；

（6）满足其他有关规律法规的规定。

在之后的章节中，会对这些合规飞行必备条件的法律法规出处做详细说明。

2.2.4　空域与空域管理

民用无人机的空域与空域管理主要依据《通用航空飞行管制条例》实施。《无人驾驶航空器飞行管理暂行条例》（征求意见稿）大大简化了轻型、微型无人机空域申请、航线报批手续，但目前尚未实施，不能作为法律法规依据，故本章节不作介绍，有兴趣的读者可以自行查阅了解。

空域管理具有十分重要的意义，近年来民用无人机在机场净空保护区"黑飞"，干扰民航航班正常飞行的事件屡有发生。例如 2018 年 2 月 7 日，北京某公司郭某等 4 人，在未申请空域的情况下操纵油电混合动力无人机在河北唐山市某地上空 1 000 m 高度进行航空测绘，导致多架民航航班被迫修改航线，唐某等人被赶来的军警联合行动分队抓获，后 4 人均被法院判处有期徒刑 1 年，缓刑 1 年。对无人机运营者和驾驶员来说，知晓民用无人机空域管理、航线报批相关法律法规是十分必要的。

2.2.4.1　飞行空域的划设与使用

从事通用航空飞行活动的单位、个人，根据飞行活动要求，需要划设临时飞行空域的，应当向有关飞行管制部门提出划设临时飞行空域的申请。

1. 划设临时飞行空域的内容

划设临时飞行空域的申请应当包括下列内容：临时飞行空域的水平范围、高度；飞入和飞出临时飞行空域的方法；使用临时飞行空域的时间；飞行活动性质；其他有关事项。

2. 划设临时飞行空域的权限批准

划设临时飞行空域，按照下列规定的权限批准：在机场区域内划设的，由负责该机场飞行管制的部门批准；超出机场区域，在飞行管制分区内划设的，由负责该分区飞行管制的部门批准；超出飞行管制分区，在飞行管制区内划设的，由负责该管制区飞行管制的部门批准；在飞行管制区间划设的，由中国人民解放军空军批准。批准划设临时飞行空域的部门应当将划设的临时飞行空域报上一级飞行管制部门备案，并通报有关单位。

在航路航线、进近（终端）和机场管制地带等民用航空使用空域范围内或者对以上空域内运行存在影响的民用无人驾驶航空器系统活动需同时遵守《民用无人驾驶航空器系统空中交通管理办法》中的相关规定。

3. 划设临时飞行空域申请与批准时限

划设临时飞行空域的申请,应当在拟使用临时飞行空域 7 个工作日前向有关飞行管制部门提出;负责批准该临时飞行空域的飞行管制部门应当在拟使用临时飞行空域 3 个工作日前作出批准或者不予批准的决定,并通知申请人。

4. 临时飞行空域的使用期限

临时飞行空域的使用期限应当根据通用航空飞行的性质和需要确定,通常不得超过 12 个月。因飞行任务的要求,需要延长临时飞行空域使用期限的,应当报经批准该临时飞行空域的飞行管制部门同意。通用航空飞行任务完成后,从事通用航空飞行活动的单位、个人应当及时报告有关飞行管制部门,其申请划设的临时飞行空域即行撤销。已划设的临时飞行空域,从事通用航空飞行活动的其他单位、个人因飞行需要,经批准划设该临时飞行空域的飞行管制部门同意,也可以使用。

2.2.4.2　飞行计划的申请

从事通用航空飞行活动的单位、个人实施飞行前,应当向当地飞行管制部门提出飞行计划申请,按照批准权限,经批准后方可实施。

1. 飞行计划申请的内容

飞行计划申请应当包括下列内容:飞行单位;飞行任务性质;机长(飞行员)姓名、代号(呼号)和空勤组人数;航空器型别和架数;通信联络方法和二次雷达应答机代码;起飞、降落机场和备降场;预计飞行开始、结束时间;飞行气象条件;航线、飞行高度和飞行范围;其他特殊保障需求。

2. 需提交有效的任务批准文件的情形

从事通用航空飞行活动的单位、个人有下列情形之一的,必须在提出飞行计划申请时提交有效的任务批准文件:飞出或者飞入我国领空的(公务飞行除外);进入空中禁区或者国(边)界线至我方一侧 10 km 之间地带上空飞行的;在我国境内进行航空物探或者航空摄影活动的;超出领海(海岸)线飞行的;外国航空器或者外国人使用我国航空器在我国境内进行通用航空飞行活动的。

3. 飞行计划的批准

使用机场飞行空域、航路、航线进行通用航空飞行活动,其飞行计划申请由当地飞行管制部门批准或者由当地飞行管制部门报经上级飞行管制部门批准。

使用临时飞行空域、临时航线进行通用航空飞行活动,其飞行计划申请按照下列规定的权限批准:在机场区域内的,由负责该机场飞行管制的部门批准;超出机场区域在飞行管制分区内的,由负责该分区飞行管制的部门批准;超出飞行管制分区,在飞行管制区内的,由负责该区域飞行管制的部门批准;超出飞行管制区的,由中国人民解放军空军批准。

4. 飞行计划的申请与批准时限

飞行计划的申请应当在拟飞行前 1 天 15 时前提出;飞行管制部门应当在拟飞行前 1 天 21 时前作出批准或者不予批准的决定,并通知申请人。

执行紧急救护、抢险救灾、人工影响天气或者其他紧急任务的,可以提出临时飞行计划申请。临时飞行计划申请最迟应当在拟飞行 1 小时前提出;飞行管制部门应当在拟起飞时刻 15 分钟前作出批准或者不予批准的决定,并通知申请人。

在划设的临时飞行空域内实施通用航空飞行活动的,可以在申请划设临时飞行空域时一并提出 15 天以内的短期飞行计划申请,不再逐日申请;但是每日飞行开始前和结束后,应当及时报告飞行管制部门。

使用临时航线转场飞行的,其飞行计划申请应当在拟飞行 2 天前向当地飞行管制部门提出;飞行管制部门应当在拟飞行前 1 天 18 时前作出批准或者不予批准的决定,并通知申请人,同时按照规定通报有关单位。

2.2.4.3　法律责任

从事通用航空飞行活动的单位、个人违反《通用航空飞行管制条例》中的规定,有下列情形之一的,由有关部门按照职责分工责令改正,给予警告;情节严重的,处 2 万元以上 10 万元以下罚款,并可给予责令停飞 1 个月至 3 个月、暂扣直至吊销经营许可证和飞行执照的处罚;造成重大事故或者严重后果的,依照《中华人民共和国刑法》关于重大飞行事故罪或者其他罪的规定,依法追究刑事责任。

(1)未经批准擅自飞行的。

(2)未按批准的飞行计划飞行的。

(3)不及时报告或者漏报飞行动态的。

(4)未经批准飞入空中限制区、空中危险区的。

2.2.5　民用无人机驾驶员执照相关规定

对于民用无人机驾驶员执照的管理主要依据《民用无人机驾驶员管理规定》实施。

2.2.5.1　执照等级分类管理

无人机系统驾驶员执照实施分类管理。

(1)在下列情况下,无人机系统驾驶员自行负责,无须执照管理:

① 在室内运行的无人机;

② Ⅰ、Ⅱ类无人机;

③在人烟稀少、空旷的非人口稠密区进行试验的无人机。

(2)在隔离空域和融合空域运行的除Ⅰ、Ⅱ类以外的无人机,其驾驶员执照由局方实施管理。

① 操纵视距内运行无人机的驾驶员,应当持有按本规定颁发的具备相应类别、分类等级的视距内等级的驾驶员执照,并且在行使相应权利时随身携带该执照。

② 操纵超视距运行无人机的驾驶员,应当持有按本规定颁发的具备相应类别、分类等级的有效超视距等级的驾驶员执照,并且在行使相应权利时随身携带该执照。

(3)教员等级。

①按本规定颁发的相应类别、分类等级的具备教员等级的驾驶员执照持有人,行使教员权利应当随身携带该执照。

②未具备教员等级的驾驶员执照持有人不得从事下列活动：

i. 向准备获取单飞资格的人员提供训练；

ii. 签字推荐申请人获取驾驶员执照或增加等级所必需的实践考试；

iii. 签字推荐申请人参加理论考试或实践考试未通过后的补考；

iv. 签署申请人的飞行经历记录本；

v. 在飞行经历记录本上签字,授予申请人单飞权利。

（4）植保类无人机分类等级。担任操纵植保无人机系统并负责无人机系统运行和安全的驾驶员,应当持有按本规定颁发的具备V类等级的驾驶员执照,或经农业农村部等部门规定的由符合资质要求的植保无人机生产企业自主负责的植保无人机操作人员培训考核。

2.2.5.2 执照签注信息

1. 驾驶员等级

（1）视距内等级。

（2）超视距等级。

（3）教员等级。

2. 类别等级

（1）固定翼。

（2）直升机。

（3）多旋翼。

（4）垂直起降固定翼。

（5）自转旋翼机。

（6）飞艇。

（7）其他。

3. 分类等级

Ⅰ、Ⅱ、Ⅲ、Ⅳ、Ⅴ、Ⅺ、Ⅻ七个等级。

4. 型别和职位（仅适用于Ⅺ、Ⅻ分类等级）

（1）无人机型别。

（2）职位,包括机长、副驾驶。

2.2.5.3 执照有效期及其更新

（1）按本规定颁发的驾驶员执照有效期限为2年,且仅当执照持有人满足本规定和有关中国民用航空运行规章的相应训练与检查要求,并符合飞行安全记录要求时,方可行使其执照所赋予的相应权利。

（2）执照持有人应在执照有效期期满前3个月内向局方申请重新颁发执照。对于申请人：

①应出示在执照有效期满前24个日历月内,无人机云交换系统电子经历记录本上记录的100 h飞行经历时间证明；

②如不满足上述飞行经历时间要求,应通过执照中任一最高驾驶员等级对应的实践考试。

（3）执照在有效期内因等级或备注发生变化重新颁发时,则执照有效期与最高的驾驶员等级有效期保持一致。

（4）执照过期的申请人须重新通过不同等级相应的理论及实践考试,方可申请重新颁发执照及相关等级。

2.2.5.4　执照和等级的申请与审批

（1）符合本规定相关条件的申请人,应当向局方提交申请执照或等级的申请,申请人对其申请材料实质内容的真实性负责,并按规定交纳相应的费用。

在递交申请时,申请人应当提交下述材料:

①身份证明;

②学历证明(如要求);

③相关无犯罪记录文件;

④理论考试合格的有效成绩单;

⑤原执照(如要求);

⑥授权教员的资质证明;

⑦训练飞行活动的合法证明;

⑧飞行经历记录本;

⑨实践考试合格证明。

（2）对于申请材料不齐全或者不符合格式要求的,局方在收到申请之后的 5 个工作日内一次性书面通知申请人需要补正的全部内容。逾期不通知即视为在收到申请书之日起即为受理。申请人按照局方的通知提交全部补正材料的,局方应当受理申请。局方不予受理申请,应当书面通知申请人。局方受理申请后,应当在 20 个工作日内对申请人的申请材料完成审查。在局方对申请材料的实质内容按照本规定进行核实时,申请人应当及时回答局方提出的问题。由于申请人不能及时回答问题所延误的时间不计入前述 20 个工作日的期限。对于申请材料及流程符合局方要求的,局方应于 20 个工作日内受理,并在受理后 20 个工作日内完成最终审查,并作出批准或不批准的最终决定。

（3）经局方批准,申请人可以取得相应的执照或等级。批准的无人机类别、分类等级或者其他备注由局方签注在申请人的执照上。

（4）由于飞行训练或者实践考试中所用无人机的特性,申请人不能完成规定的驾驶员操作动作,因此未能完全符合本规定相关飞行技能要求,但符合所申请执照或者等级的所有其他要求的,局方可以向其颁发签注有相应限制的执照或者等级。

2.2.6　民用无人机的登记注册

民用无人机的登记注册主要依据《民用无人驾驶航空器实名制登记管理规定》实施

管理。

2.2.6.1　民用无人机的登记注册范围

在中华人民共和国境内最大起飞质量为 250 g 以上（含 250 g）的民用无人机的拥有者必须按照本规定的要求进行实名登记和粘贴登记标志。

2.2.6.2　民用无人机登记注册流程

（1）民用无人机拥有者在"无人机实名登记系统"上注册或登录账户，如图 2.19 所示。"无人机实名登记系统"网址为 https://uas.caac.gov.cn。

图 2.19　"无人机实名登记系统"登录 / 注册界面

（2）登录后，单击"新增品牌无人机"，如图 2.20 所示。

图 2.20　单击"新增品牌无人机"

（3）填写无人机序列号、无人机型号等相关信息，单击"提交"，如图 2.21 所示。

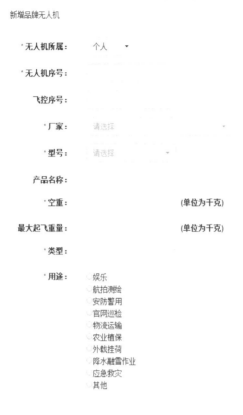

图 2.21　填写无人机相关信息并提交

（4）系统将自动发送二维码至账户邮箱，用户也可以在已登记的无人机条目右侧单击"下载"自行下载二维码，如图 2.22 所示。

图 2.22　获取二维码

（5）用户需将二维码按照要求打印并粘贴在规定的位置，如图 2.23 所示。

图 2.23　打印并粘贴二维码

2.2.6.3　民用无人机拥有者登记信息

个人民用无人机拥有者在"无人机实名登记系统"中登记的信息包括：

（1）拥有者姓名；

（2）有效证件号码（如身份证号、护照号等）；

（3）移动电话和电子邮箱；

（4）产品型号、产品序号；

（5）使用目的。

单位民用无人机拥有者在"无人机实名登记系统"中登记的信息包括：

（1）单位名称；

（2）统一社会信用代码或者组织机构代码等；

（3）移动电话和电子邮箱；

（4）产品型号、产品序号；

（5）使用目的。

2.2.6.4　民用无人机的登记标志

民用无人机登记标志包括登记号和登记二维码，民用无人机拥有者在"无人机实名登记系统"中完成信息填报后，系统会自动给出包含登记号和二维码的登记标志图片，并发送到登记的电子邮箱。

民用无人机登记号是为区分民用无人机而给出的编号,对于序号(S/N)不同的民用无人机,登记号不同。民用无人机登记号共有 11 位字符,分为两部分:前三位为字母 UAS,后 8 位为阿拉伯数字,采用流水号形式,范围为 00000001~99999999,例如登记号 UAS00000003。

民用无人机登记二维码包括无人机制造商、产品型号、产品名称、产品序号、登记时间、拥有者姓名或单位名称、联系方式等信息。

2.2.6.5　民用无人机的标识要求

民用无人机拥有者在收到系统给出的包含登记号和二维码的登记标志图片后,将其打印为至少 2 cm × 2 cm 的不干胶粘贴牌。

民用无人机拥有者将登记标志图片采用耐久性方法粘于无人机不易损伤的地方,且始终清晰可辨,亦便于查看。便于查看是指登记标志附着于一个不需要借助任何工具就能查看的部件之上。

民用无人机拥有者必须确保无人机每次运行期间均保持登记标志附着其上。

民用无人机登记号和二维码信息不得涂改、伪造或转让。

2.2.6.6　登记信息的更新

民用无人机发生出售、转让、损毁、报废、丢失或者被盗等情况后,民用无人机拥有者应及时通过"无人机实名登记系统"注销该无人机的信息。

民用无人机的所有权发生转移后,变更后的所有人必须按照本规定的要求实名登记该民用无人机的信息。

2.3　多旋翼无人机巡检系统维护与保养

为保证无人机巡检系统的正常运行,减少不必要的机械故障及导致的损失,提高无人机巡检作业可靠性,无人机巡检系统的维护与保养是必不可少的。下面主要介绍无人机巡检系统维护保养的分类、维护保养的原则、维护保养的工作流程、维护保养的相关规定以及实际作业常见机型的维护保养办法。

2.3.1　无人机巡检系统维护保养概述

2.3.1.1　维护保养的目的

无人机巡检系统的保管和维护质量的好坏直接关系着系统能否长期保持良好的工作能力。操作人员应当根据相关规定有序地对无人机巡检系统开展维护与保养,以降低系统的故障率,提高系统的安全性能。

无人机巡检系统运行过程中出现的故障主要分为两种:一是无人机系统发生故障;二是任务系统出现故障。实践经验表明,维护保养周期的合理确定,直接影响无人机巡检系统工作的适用性和有效性,只有在故障时间和检查时间之间寻找到平衡点,确定出最佳维修周期,才能实现无人机巡检系统管理维修过程优化和维修费用经济的目标,因此适时有序地进行维护保养是必不可少的。

2.3.1.2　维护保养的分类

按照无人机组成部分可将维护保养分为无人机本体、遥控设备、动力电源、任务设备等的维护保养。

按照维护保养等级可分为日常维护、一级技术维护保养、二级技术维护保养。

（1）日常维护：以检查、清洁为主，每个起落至少进行一次维护，由操作人员进行。

（2）一级技术维护保养：一般以检查、调整为主，对飞行一定时间的无人机巡检系统进行一次较深入的技术状况检查和调整，其目的是使无人机在以后较长时间内，能保持良好的运行性能；飞行小时数达到 40 小时、执行 100 个飞行架次或必要时实施，由操作人员或维护人员进行。

（3）二级技术维护保养：为了巩固和保持各个总成、组合件的正常使用而采取的保养措施。在飞行小时数达到 80 小时 / 年或根据无人机系统实际使用情况必要时应安排维修人员或专业人员进行二级技术维护保养。

2.3.1.3　维护保养的原则

无人机维护保养原则尚没有机构组织对其进行系统规定，根据中国民航局对航空器相关规章以及有关修理的原则，以下列出相关准则供无人机维护保养参考，待相关法律法规出台后再对其进行更改完善。

任何人在对航空器或者航空器部件进行维护保养工作时，都应当遵守如下准则。

（1）使用无人航空器制造厂的现行有效的维修手册或持续适航文件中的方法、技术要求或实施准则。

（2）为保证维护保养工作，需按照相关原则使用必需的工具和设备（包括测试设备）。如果涉及制造厂推荐的专用设备，工作中应当使用这些设备。

（3）使用能保证无人航空器或者航空器部件达到至少保持其初始状态或者适当的改装状态的合格航材（包括气动特性、结构强度、抗震及抗损性和其他影响适航的因素）。

2.3.2　无人机巡检系统维护与保养

2.3.2.1　维护项目及周期（表 2.2）

表 2.2　维护项目及周期

项目	日常维护	一级技术维护保养	二级技术维护保养
实施时间	任务前后需实施	飞行时数达 40 小时 /100 架次或必要时实施	使用一年飞行时数 80 小时 / 年或必要时实施
人员	操控手	技术员或操控手	专业维修人员

项目	日常维护	一级技术维护保养	二级技术维护保养
内容	1. 检查外观是否有损伤； 2. 检查螺旋桨是否有裂痕； 3. 各部位螺丝有无松脱； 4. 起落架是否稳固； 5. 指南针是否正常； 6. 通信链路是否正常； 7. 数据是否正常显示； 8. 电池状态是否正常； 9. 固件是否提示更新； 10. 飞行器外观清洁	1. 检查机架结构； 2. 检查动力系统； 3. 检查电池电压、内阻； 4. 检查起落架； 5 检查通信链路； 6. 机身链路清洁、维护； 7. 排线金手指去氧化层； 8. 飞行姿态校正； 9. 系统传感器校正； 10. 螺旋桨水平面校正	1. 机身折叠件(外壳)更新； 2. 飞行控制器程序更新； 3. 通信链路模块测试； 4.GPS 模块测试； 5. 无刷电机更新替换； 6. 电子调速器校正； 7. 云台总成校正及保养； 8. 地面站/APP 更新； 9. 电池供电系统更新； 10. 传感器状态检测
维护与保养项目	1. 电池故障时进行更换； 2. 通信链路异常时进行更换； 3. 地面站无功能时进行更换； 4. 螺旋桨明显故障时更换	1. 起落架校正调整； 2. 机体基本调整； 3. 动力系统基本调整； 4. 通信链路系统调整	1. 机架结构系统； 2. 起落架连接系统更新； 3. 无刷电机； 4. 智能动力电池
必检测项目	1. 机架螺丝松动； 2. 折叠件松动； 3. 螺旋桨裂痕； 4. 起落架松动	1. 机臂/一体机外观； 2. 机身折叠连接座； 3. 动力系统； 4. 机身链路及通信链路	1. 通信链路模块测试； 2. 地面站及遥控器校正； 3.GPS 及惯性导航校正； 4. 传感器状态检测
维护保养后工作	操控手进行确认	需经技术员试飞确认	需经技术员试飞确认

2.3.2.2　定期功能检测项目

1. 无人机检测项目(表 2.3)

表 2.3　无人机检测项目

保养项目	小时或架次					
	10 小时/20 架次	20 小时/40 架次	40 小时/80 架次	60 小时/120 架次	80 小时/160 架次	100 小时/200 架次
检查机架结构	◎	◎	◎	◎	◎	◎
检查电池系统	◎	◎	◎	◎	◎	◎
检查动力系统	◎	◎	◎	◎	◎	◎
检查螺旋桨	◎	◎	◎	◎	◎	◎
检查云台相机	◎	◎	◎	◎	◎	◎
检查起落架	◎	◎	◎	◎	◎	◎
检查排线金手指	◎	◎	◎	◎	◎	◎
检查机身链路连接	◎	◎	◎	◎	◎	◎
短路测试			◎			◎
姿态检测			◎			◎
GPS 定位检测		◎		◎		◎
传感器检查及校正		◎		◎		◎
系统固件检查更新		◎		◎		◎

2. 任务设备检测项目（表 2.4）

表 2.4　任务设备检测项目

保养项目	小时或架次					
	10 小时 /20 架次	20 小时 /40 架次	40 小时 /80 架次	60 小时 /120 架次	80 小时 /160 架次	100 小时 /200 架次
传感器校正		◎		◎		◎
补偿功能检测		◎		◎		◎
驱动电机检测	◎	◎	◎	◎	◎	◎
姿态校正			◎			◎
外观检测	◎	◎	◎	◎	◎	◎
排线粘贴粘度测试	◎	◎	◎	◎	◎	◎
镜头清洁	◎	◎	◎	◎	◎	◎
云台角度极限测试			◎			◎

3. 遥控及地面站检测项目（表 2.5）

表 2.5　遥控及地面站检测项目

保养项目	小时或架次					
	10 小时 /20 架次	20 小时 /40 架次	40 小时 /80 架次	60 小时 /120 架次	80 小时 /160 架次	100 小时 /200 架次
电池检测	◎	◎	◎	◎	◎	◎
充电接口检测	◎	◎	◎	◎	◎	◎
5.8 GHz 通讯检测	◎	◎	◎	◎	◎	◎
2.4 GHz 通讯检测	◎	◎	◎	◎	◎	◎
面板按钮检测	◎	◎	◎	◎	◎	◎
遥控器摇杆检测	◎	◎	◎	◎	◎	◎
固件更新		◎				◎

2.3.2.3　维护保养项目操作流程

1. 检查电池系统

（1）检查电池外观是否有破损、变形，若受损严重，应停止继续使用，将电量控制在 10% 以内废弃处理，勿分解。

（2）检查电池通信连接的金手指，若有污损，可以用橡皮擦将表面清理干净，以保证可靠通信。

（3）检查电池电源连接器内部的金属片破损情况，若烧蚀严重，应设法清理，例如用厚度在 1 mm 以内的砂纸插入连接器内部轻轻打磨金属表面。

（4）检查飞行器电池仓内电池通信触点状况,确保清洁,伸缩顺畅,无弯折。

（5）检查电源极片的烧蚀情况,若烧蚀严重,应用细砂纸轻轻打磨烧蚀位置,过于严重者需要返修。

（6）检查电池仓周围的塑料结构件的牢固情况,例如裂缝、螺丝稳固程度等,防止飞行过程中电池松动。

（7）检查机体到机臂之间的主供电线的磨损情况,若发生轻微磨损,应视情况调整,若磨损较严重,应联系返修。

温馨提示:若长期不使用电池,建议遵照"智能飞行电池安全使用指引"（见本章附录）存放电池,并建议每个月检查一次电池状况,防止电池损坏。可连接APP,分别检查每个电芯的电压是否相近,若每次充满电时的电压是一致的,但在 3.7 V 以上时部分电芯电压偏低或偏高超过 0.2 V,则要联系售后分析原因。检查电池历史记录里是否发生过警告,若有警告,请联系售后,分析可能存在的风险。

2. 检查变形系统

（1）检查舵机连接线的健康状况,检查接头是否牢靠稳固,检查舵机线是否有磨损。

（2）检查机臂的碳管是否出现伤痕、破损或松动（双手抓取其中一侧的外臂脚架做相对扭动,无松动即可）。

（3）听变形过程中舵机的声音,若出现特殊的杂音,可能是磨损导致,应检查丝杠表面是否存在沙粒或被其他异物缠绕。将起落架升起,检查丝杠和下方轴承的清洁程度,检查是否生锈,如生锈或有较多泥土,需要先用 WD-40 喷剂做清理,再用润滑脂处理。（润滑脂要求:使用润滑油脂而非油状的润滑油;润滑脂类型必须适用于五金件和塑胶件;润滑脂的工作温度范围为 -20~120 ℃）。检查丝杠下方是否有塑料碎屑,若有,则需要联系售后更换丝杠。

3. 检查机身

（1）检查机身各螺丝位置的螺丝是否牢靠。

（2）检查机身结构上是否出现裂纹以及破损,如有破损且不确定对飞行是否有影响,则可以联系售后中心咨询。

（3）检查机臂的碳管是否出现伤痕、破损。

（4）检查起落架的阻尼器是否正常,若阻尼器底部有松脱迹象,应使用 502 速干胶加固。

（5）检查 GPS 上方以及每个起落架的天线位置是否贴有影响信号的物体（如带导电介质的贴纸等）。

（6）检查起落架的倾斜角度是否左右对称。

4. 检查电机系统

（1）检查电机转子的松动情况。

（2）不安装螺旋桨启动电机,听声音,若出现异音,则可能是轴承磨损,需要更换电机。

（3）不安装螺旋桨启动电机,看电机转子的边缘和轴在转动中是否同心以及是否有较大振动,若出现较大振动,则联系返修更换电机。

(4)检查电机壳下方的缝隙是否均匀,以判断电机壳是否变形,若出现变形,建议联系返修更换电机。

(5)检查电机下方的固定螺丝是否稳固,周围塑料零件是否出现裂缝,螺丝松动可使用螺丝刀拧紧,若塑料件出现裂缝应联系返修。

5. 检查螺旋桨

(1)检查桨叶外观是否有弯折、破损、裂缝等,有此类问题的螺旋桨应弃用。

(2)将螺旋桨安装于电机上,将电机启动并让飞行器停留在地面上,在飞行器1 m以外的地方观察每个螺旋桨在转动过程中是否出现双层现象,此现象常被称为双桨,会严重影响飞行器的振动。出现此问题的螺旋桨,若无法修复,应弃用。

(3)将螺旋桨安装于电机上,同时锁紧螺旋桨桨扣检查桨扣外侧弹片是否回弹。一手握紧电机,另一手抓紧桨叶,同时沿电机转动方向转动桨叶,检查螺旋桨桨座是否失效、松脱。若有此类问题,应及时更换螺旋桨桨座。

6. 检查IMU状态

(1)连接APP,检查IMU的状态,建议做一次深度的高级校准操作。深度高级校准需要将飞行器放在一个环境温度较低的稳固的水平面上进行(若起落架有损坏导致飞行器机体不平,可考虑使用4个相同高度的支撑物将外侧机臂撑起,以确保机身水平),校准过程中不要触动飞行器。

(2)听机身内部风扇的转动情况,主要是异音及振动情况。若异音较大,则需要更换新的风扇。

7. 检查遥控图传系统

(1)检查天线是否安装牢固,检查天线是否有磨损或折断的迹象。

(2)检查遥控器天线是否有物理损伤。

(3)检查标配的遥控器挂带的牢固情况,若发现部分零件有裂痕,则要更换新的挂带。

8. 检查云台相机

(1)相机的快速连接装置内部连接器为易损件,若用户使用一段时间后经常出现相机云台通电自检后云台不工作,或者无图像传送到APP上(OSD数据正常工作),或者云台不通电自检等现象,有很大的可能是连接器磨损。这种情况下需要更换快拆结构内部的橡胶垫、电路板或连接器。

(2)检查快拆组件内连接器金属触点的排布情况,查看是否整齐,若有个别弯曲,可考虑更换此零件。

(3)检查云台顶部电路板金手指的污损情况,如有污物,可用橡皮擦清洁,以保证良好的连接;若有磨损,则可能需要更换零件。

(4)云台在使用过程中增稳表现正常,则可以免检。若增稳表现不良,则需要联系售后进行处理。

(5)系统启动工作后,听云台风扇的噪声,若噪声较大,说明有可能产生较大的振动,会影响云台的性能,建议更换风扇。

9. 检查传感器系统

(1)检查视觉定位系统模块的镜头是否有污损,应保持清洁。

(2)检查超声波探头的外部是否有异物。

(3)检查视觉定位系统模块是否安装稳固。

(4)在室内不装螺旋桨的情况下启动系统,连接 APP,在一个光线充足、地表有丰富纹理,且有坚硬地面的位置,平握飞行器,使飞行器距离地面 1~2 m,将遥控器飞行模式切换至 P,查看 APP 界面上是否出现离地高度以及 P-OPTI 的模式。若出现,则表明视觉定位系统工作正常。

附录

1. 智能飞行电池安全使用指引

(1)每次飞行结束后及时检查电池电量及使用情况,并及时对使用过的电池进行充电,且做好充电记录。

(2)每次飞行结束后应及时把飞行器的电池取出,并把电池放在阴凉通风处,使电池在使用后的热量得到充分释放,不能把使用后的电池立即放在密闭保温的箱体等环境中,避免发生火灾。

(3)充电前应检查电池是否完好,如有损坏或变形现象,禁止充电。应使用专用充电器对电池充电,充电完成后将充电器电源关闭。

(4)按照标准时间和标准方法对电池充电,禁止超长充电。

(5)环境温度低于 0 ℃或高于 40 ℃时,不应对电池进行充电。

(6)尽量避免同一充电器连续向多块电池充电,如有条件,需要连续充电时应将充电器关闭 10~15 min 后,再给下一块电池充电。

(7)避免电池完全放电(低于 3.7 V),并且经常对锂电池充电。充电不一定非要充满,但应该每隔 3~4 个月对锂电池进行 1~2 次完全的充满电(正常充电时间)和放完电。

(8)长期不用的电池,应该存放在阴凉偏干燥的地方,避免高温环境,如长时间保存,建议将电池充电到 40% 后放置(锂聚合物电池约 3.85 V),电压太小或太大会造成电池永久性损伤。每隔 3~6 个月,检查一次是否需要补充电。

(9)禁止拆解、压碎或穿刺电池,防止让电池外露接点短路。在运输电池时,需把电池存放于防火的容器内。

(10)若发现下列情况之一,需及时更换新电池:

①电池运作时间缩短到少于原始运作时间的 80%;

②电池充电时间大幅度延长。

③电池有膨胀、变形损伤。

2. 常见问题及处理

1）磁罗盘错误

磁罗盘是飞行器正常飞行的前提,负责为飞行器提供方位信息。地磁信号的特点是适用范围大,但是强度较低,甚至不到 1 高斯(电机里面的钕铁硼磁铁强度可达几千高斯),所以其非常容易受到其他磁体的干扰。铁磁性的物资都会对磁罗盘产生干扰,例如大块金属、高压电线、信号发射站、磁矿、停车场、桥洞、带有地下钢筋的建筑等。但由于工作行业需要,飞行器将会在高压电线、带有钢筋的建筑(如铁塔)等恶劣环境下进行飞行巡线工作。此时,飞行器磁罗盘工作将会受到极大的干扰。

当巡检过程中,飞行器显示磁罗盘错误时,飞行状态将显示为红色,同时飞行器 LED 状态显示灯会以红黄交替闪烁提醒此刻飞行器状态。当飞行器显示磁罗盘异常时,飞行器将无法准确辨识飞行器机头,同时飞行器会出现定位不准、飞行漂移等情况。注意此时飞机并非处于失控状态,只是飞行器磁罗盘数据错误,飞控在检测到磁罗盘数据异常时,会主动剥离磁罗盘数据。此时飞行器必须马上远离导线或基塔,防止飞行器漂移撞击导致基塔及导线受损。当干扰发生时,操控手应及时确定飞行器位置并及时调整飞机姿态,远离干扰源。

2）异常解决办法

通过 DJI GO 4 APP 画面观察飞行器具体位置,判断飞行器此时机头方向;若飞行器距离铁塔较远,可调整飞机机头方向到垂直直线方向;若飞行器距离铁塔较近,按照远离铁塔的方向快速拨动摇杆,使飞行器远离带电设备。向后拉动遥控前后杆使飞行器向后移动,同时推动油门使飞行器上升,飞行器向后抬升,远离基塔。

向后拉升至远离基塔后,查看飞行器有无消除磁罗盘警告;若警告消除,则可以恢复工作状态继续进行巡检;若警告依然存在,调节飞行器飞行模式为姿态模式,手动控制飞行器沿手机APP地图的飞行轨迹返回起飞点进行飞行器检查。

飞行器 LED 显示灯状态说明见表 2.6。

表 2.6　飞行器 LED 显示灯状态说明

状态显示	故障提示	故障原因	处理方法
灰色	设备未连接	APP 无法与遥控器连接	检查遥控器电源是否打开,与手机连接方式是否正确、稳固;重新按顺序启动飞行器
黄色	可安全飞行(无GPS)	当前无 GPS 信号或 GPS 数量低于 8 个	转移到开阔地带等待信号接收
	电机堵转	外力作用或其他原因	拆桨后启动电机进行检查,如问题无解决则需要联系售后
	系统预热中	飞行器过热	关闭飞行器等待飞机冷却
	IMU 预热中	系统预热	进行 IMU 校准

状态显示	故障提示	故障原因	处理方法
红色	云台电机过载	云台卡扣未取下	卸下云台卡扣
	IMU 异常,请校准 IMU	IMU 数据异常	进行 IMU 校准
	指南针异常,请移动飞机或校准指南针	飞行器所在地有影响磁场	更换场地,远离磁场干扰源进行指南针校准提高飞行器高度,飞离干扰源
	指南针受扰,退出 P-GPS 模式		
	无图传信号	飞行器距离超出遥控范围	调整天线位置,增强信号,设置图传信道
		图传错误	按照顺序重新启动飞行器
	图传信号微弱,请调整天线	飞行器距离超出遥控范围	调整天线位置,增强信号
	遥控器电池电量低		为遥控器充电

第3章　无人机巡检作业

3.1　无人机基本操作

多旋翼无人机巡检系统具备操作简单、可靠性高的特点,适用于 2 km 范围内的架空输电线路无人机精细化巡检及通道巡检,其中大疆多旋翼无人机巡检系统因优秀的飞行影像系统,备受一线电力无人机巡检作业人员青睐。

本章主要讲解大疆多旋翼无人机的基本操作。

3.1.1　无人机基本设置(可在书后扫码获取此节视频教学)

3.1.1.1　飞行模式设置

P 模式(定位):使用 GPS 模式 /RTK 模式(仅具备 RTK 模块的飞行器)、前视觉系统和下视觉系统(仅具备视觉定位模块的飞行器),以实现飞行器精准悬停等功能。在 P 模式下,GPS 信号良好时,利用 GPS 可精准定位;GPS 信号欠佳,光照条件满足视觉系统需求时,利用视觉系统定位。当 GPS 信号欠佳且光照条件不满足视觉系统需求时,飞行器不能精确悬停,仅提供姿态增稳。

S 模式(运动):使用 GPS 模块以实现精确悬停。飞行器操控感度经过调整,最大飞行速度将会提升。使用 S 模式时,前视觉系统将自动关闭,飞行器无法自行避障。

A 模式(姿态):不使用 GPS 模块与视觉系统进行定位,仅提供姿态增稳,若 GPS 卫星信号良好可实现返航。

飞行模式设置摇杆如图 3.1 所示,DJI GO 4 APP 界面如图 3.2 所示。

图 3.1　飞行模式设置摇杆

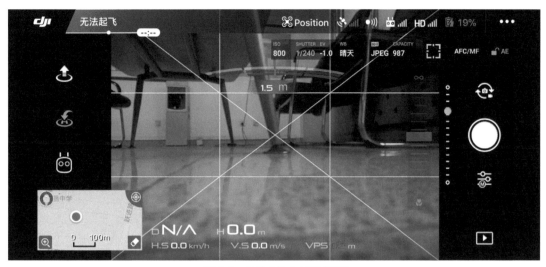

图 3.2　DJI GO 4 APP 界面

在架空输电线路无人机精细化巡检及通道巡检中,使用 P 模式,无人机可实现精确悬停、精准定位,以保障无人机巡检作业的安全,便于操控手对多旋翼无人机进行精准操作。每次作业起飞前,操控手应检查 GPS 信号是否良好,飞行模式挡位是否切换到 P 位置。

在使用 P 模式进行无人机巡检作业过程中,若 GPS 信号差或指南针受干扰,多旋翼无人机将利用视觉定位系统定位。若视觉定位系统也不满足工作条件,多旋翼无人机将被动切换至 A 模式。

将遥控器飞行模式挡位切换到 A 位置时,无人机将开启 A 模式。A 模式主要用于"8字飞行"等飞行基本操作的训练,可帮助操作人员熟悉多旋翼无人机的飞行性能,提高操作人员的操作水平。

在 A 模式下,飞行器容易受外界干扰,从而在水平方向将会产生漂移,并且视觉系统将无法使用。因此,该模式下飞行器自身无法实现定点悬停以及自主刹车,需要操控人员手动操控遥控器才能实现飞行器悬停。

在 A 模式下,飞行器的操控难度将大大增加,如需使用该模式,务必熟悉该模式下飞行器的行为并能够熟练操控飞行器,使用时切勿将飞行器飞出较远距离,以免因为距离过远而丧失对于飞行器姿态的判断,以致造成风险。一旦在巡检作业过程中多旋翼无人机被动进入该模式,则应当尽快将飞行器降落到安全位置以避免发生事故。

3.1.1.2　摇杆模式设置

在手动飞行时,操控手通过操控遥控器摇杆操控飞行器。遥控器分为左、右两个摇杆,分别可向前、后、左、右四个方向打杆。

摇杆模式主要分为日本手、美国手、中国手及其他自定义摇杆模式,其中以日本手、美国手应用较为广泛,现主要针对日本手、美国手进行讲解。

1. 日本手

日本手左摇杆前后操纵控制多旋翼无人机俯仰,前推左摇杆飞行器向前倾斜,并向前飞行;后拉左摇杆飞行器向后倾斜,并向后飞行;中位时飞行器的前后方向保持水平,如图3.3(a)所示。摇杆杆量对应飞行器前后倾斜的角度,杆量越大,倾斜的角度越大,飞行的速度也越快。

日本手左摇杆左右打杆可控制多旋翼无人机航向,左摇杆向右打杆,飞行器顺时针旋转;左摇杆向左打杆,飞行器逆时针旋转;中位时飞行器的旋转角速度为零,如图3.3(a)所示。摇杆杆量对应飞行器旋转的角速度,杆量越大,旋转的角速度越大。

日本手右摇杆前后操纵控制多旋翼无人机升降,往上推杆,飞行器升高;往下拉杆,飞行器降低;中位时飞行器的高度保持不变(自动定高),如图3.3(b)所示。飞行器起飞时,必须将油门杆往上推过中位,飞行器才能离地起飞(请缓慢推杆,以防飞行器突然急速上冲)。

日本手右摇杆左右打杆可控制飞行器左右飞行,往左打杆,飞行器向左倾斜,并向左飞行;往右打杆,飞行器向右倾斜,并向右飞行;中位时飞行器的左右方向保持水平,如图3.3(b)所示。摇杆杆量对应飞行器左右倾斜的角度,杆量越大,倾斜的角度越大,飞行的速度也越快。

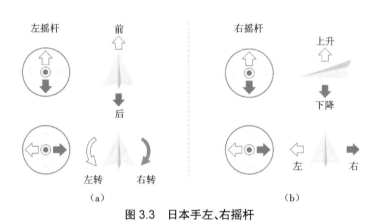

图3.3　日本手左、右摇杆

2.美国手

美国手左摇杆前后操纵控制多旋翼无人机升降,往上推杆,飞行器升高;往下拉杆,飞行器降低;中位时飞行器的高度保持不变(自动定高),如图3.4(a)所示。飞行器起飞时,必须将油门杆往上推过中位,飞行器才能离地起飞(请缓慢推杆,以防飞行器突然急速上冲)。

美国手左摇杆左右打杆可控制多旋翼无人机航向,左摇杆向右打杆,飞行器顺时针旋转;左摇杆向左打杆,飞行器逆时针旋转;中位时飞行器的旋转角速度为零,如图3.4(a)所示。摇杆杆量对应飞行器旋转的角速度,杆量越大,旋转的角速度越大。

美国手右摇杆前后操纵控制多旋翼无人机俯仰,前推右摇杆飞行器向前倾斜,并向前飞行;后拉右摇杆飞行器向后倾斜,并向后飞行;中位时飞行器的前后方向保持水平,如图3.4(b)所示。摇杆杆量对应飞行器前后倾斜的角度,杆量越大,倾斜的角度越大,飞行的速度也越快。

美国手右摇杆左右打杆可控制飞行器左右飞行,往左打杆,飞行器向左倾斜,并向左飞行;往右打杆,飞行器向右倾斜,并向右飞行;中位时飞行器的左右方向保持水平,如图3.4

（b）所示。摇杆杆量对应飞行器左右倾斜的角度，杆量越大，倾斜的角度越大，飞行的速度也越快。

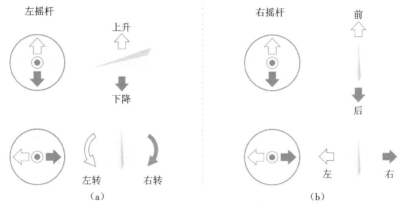

图 3.4　美国手左、右摇杆

每次飞行起飞前，应利用平板上的 DJI GO 或 DJI GO 4 软件检查、设置操控手习惯的摇杆模式。检查、设置的操作如下图 3.5：

（1）点击主界面右上角通用设置按键（"···"）；

（2）点击遥控器设置；

（3）点击摇杆模式可查看、设置摇杆模式。

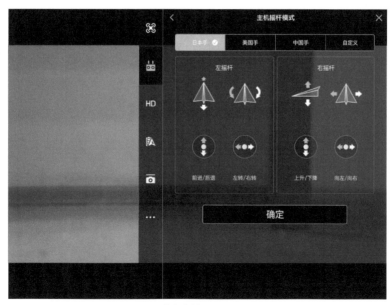

图 3.5　主机摇杆模式选择界面

3.1.1.3　飞行器状态指示灯说明

飞行器状态指示灯指示当前飞控系统的状态，见表 3.1。

表 3.1 飞行器状态指示灯说明

正常状态	
红黄绿蓝紫连续闪烁	系统自检
绿灯四闪	预热
绿灯单闪	使用 GPS 定位
绿灯双闪	使用视觉系统定位
黄灯慢闪	无 GPS、无视觉定位
警告与异常	
黄灯快闪	遥控器信号中断
红灯慢闪	低电量报警
红灯快闪	严重低电量报警
红灯间隔闪烁	放置不平或传感器误差过大
红灯常亮	严重错误
红黄灯交替闪烁	指南针数据错误,需校准

3.1.1.4 飞控参数设置

飞控参数设置界面如图 3.6 所示。

图 3.6 飞控参数设置界面

1. 允许切换飞行模式

飞行模式切换开关默认锁定于 P 模式,如需在不同的飞行模式之间切换,需在飞控参数设置菜单中打开"允许切换飞行模式"以解除锁定,否则即使飞行模式切换开关在 P 以外其他挡位,飞行器仍按 P 模式飞行,且 APP 将不出现智能飞行选项。

2. 自动返航

起飞时或飞行过程中，GPS 信号首次达到四格及以上时，将记录飞行器当前位置为返航点，记录成功后，飞行器状态指示灯将快速闪烁若干次。若起飞前成功记录了返航点，则当遥控器与飞行器之间失去通信信号时，飞行器将自动返回返航点并降落，以防止发生意外。

操控手可通过飞控参数设置菜单下的"高级设置"，将失控行为选择为返航，以实现在飞行器失控时自动返航的目的，并通过飞控参数设置菜单中的"返航高度"设置选项，手动输入适宜的返航高度。返航高度设置宜高于航线周边障碍物。

自动返航过程中，如果前视觉系统开启且环境条件允许，当机头遇到障碍物时，飞行器将自行爬升躲避障碍物。当飞行器完成躲避前方障碍物后，将缓慢下降飞向返航点。为确保机头朝向，此过程中操控手将无法调整机头朝向以及无法控制飞行器向左、右飞行。

需要注意的是，当 GPS 信号欠佳（信号只有三格或以下）或 GPS 不工作时，无法实现返航。

1）智能返航

智能返航模式可通过遥控器智能返航按键或 APP 中的相机界面启动。在返航过程中，操控人员仍能控制飞行器的速度和高度，通过遥控器上的智能返航按键或 APP 退出智能返航后，操控手可重新获得控制权。

2）智能低电量返航（可在 APP 中关闭）

智能飞行电池电量过低时，没有足够的电量返航，此时操控手应尽快降落飞行器。若当前电量仅足够完成返航过程，APP 将提示操控手是否需要执行返航。若操控手 10 s 内不作选择，则 10 s 后飞行器将自动进入返航。返航过程中可短按遥控器智能返航按键取消返航过程。

3）失控返航

在飞行过程中，若图传信号丢失，APP 将提示操控手是否需要执行返航。若原地悬停 1~5 min 后，图传信号仍未恢复，将执行返航。

若飞行器与遥控器断开连接，飞行器将立即出发自动返航。

4）自动返航过程

（1）飞行器记录返航点。

（2）触发返航条件（由操控人员使用遥控器、APP 触发或由飞行器低电量、失控触发）。

（3）飞行器确认返航点，自动调整机头方向。

（4）返航距离大于 20 m 时，飞行器上升至操控人员设定的返航高度。

（5）当返航距离小于或等于 20 m 时，飞行器直接降落。

（6）飞行器自动飞至返航点上方，下降到离地面 0.7 m 时，APP 将提示操控手是否需要继续降落，点击"确认"后，飞行器降落。

3. 限高与距离限制

根据《架空输电线路无人机巡检作业安全工作规程》（Q/GDW 11399—2015）中 7.3.2 的

规定"使用小型无人直升机巡检系统的巡检作业应在通信链路畅通范围内进行巡检作业。在飞至巡检作业点的过程中,通常应在目视可及范围内;在巡检作业点进行拍照、摄像等作业时,应保持目视可及。"

因此,无人机驾驶员应在飞行器起飞前对飞行器进行高度和距离限制。根据《轻小无人机运行规定(试行)》中的描述,"视距内运行,无人机驾驶员或无人机观测员与无人机保持直接目视视觉接触的操作方式,航空器处于驾驶员或观测员目视视距 500 m 内,相对高度低于 120 m 的区域内",宜将限高设置为 120 m,距离限制设置为 500 m。

无人机驾驶员可在 APP 的飞控参数设置中,手动输入限制的高度数值;打开距离限制选项,输入距离限制数值。在 GPS 信号良好情况下,飞行器的飞行高度将不能超过 APP 中设置的最大高度;飞行器距离返航点的距离将不能超过 APP 中设置的最大半径。

3.1.1.5　感知设置

视觉系统位于飞行器机身的前部以及底部,由摄像头和超声波传感器模块组成。视觉系统为图像与超声波双结合的定位系统,通过视觉图像测距来感知障碍物以及获取飞行器位置信息,同时通过超声波判断当前高度,从而保证飞行器的精确定位和安全飞行。一般大疆多旋翼飞行器的视觉系统的观测范围为正前方 60° 扇形范围以及正下方 50° 视觉范围。

无人机驾驶员可在 APP 中点击通用设置,选择其中的感知设置菜单进行视觉系统的设置,如图 3.7 所示。

图 3.7　感知设置界面

1. 启用视觉避障系统

在打开"启用视觉避障系统"选项后可实现以下两种功能:

(1)飞行器在前视野中检测到障碍物时,会自动悬停(避障系统工作时,最大飞行速度限制为 10.0 m/s);

(2)开启视觉避障系统将会自动开启"返航障碍物检测",如需关闭"返航障碍物检测",需进入"高级设置"进行更改。

需要注意的是,当光线不足时,视觉感知摄像头将无法正常工作。

2. 显示雷达图

开启"显示雷达图"选项,飞行器将会显示实时障碍物检测雷达图,如图 3.8 所示。

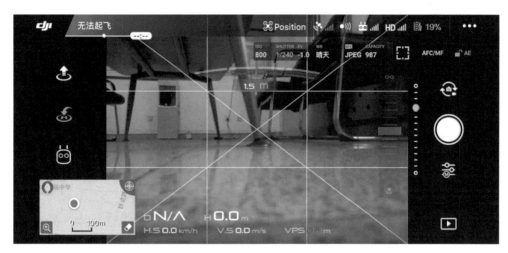

图 3.8　实时障碍物检测

开启雷达显示图可以有效帮助操控手实时了解无人机距前方障碍物的距离和方向信息,提高无人机巡检作业的安全性。

3. 启用视觉定位

开启视觉定位功能后,下视觉定位系统可帮助飞行器在 GPS 信号不佳的地方稳定悬停,并对精准降落、降落保护等功能提供支持。下视觉定位系统适用于高度为 10 m 以内、无 GPS 信号或 GPS 信号欠佳的环境。当视觉系统和超声波失效时,视觉定位模式会自动切换到姿态模式。

视觉系统在以下场景,需谨慎使用:

(1)低空(0.5 m 以下)快速飞行时,视觉系统可能无法定位;

(2)有强烈反光或者倒影的表面;

(3)水面或者透明物体的表面;

(4)光照剧烈快速变化的场景;

(5)倾斜度超过 30° 的物体表面;

(6)飞行速度不宜过快,如离地 1 m 处飞行速度不可超过 5 m/s,离地 2 m 处飞行速度不可超过 14 m/s。

3.1.1.6　遥控器设置

1. 遥控器对频及设置多机互联模式

1)遥控器对频步骤

(1)先开启遥控器,连接移动设备;然后开启智能飞行电池电源,运行 APP。

（2）进入通用设置菜单的遥控器设置界面，点击"遥控器对频"按钮，如图3.9所示。

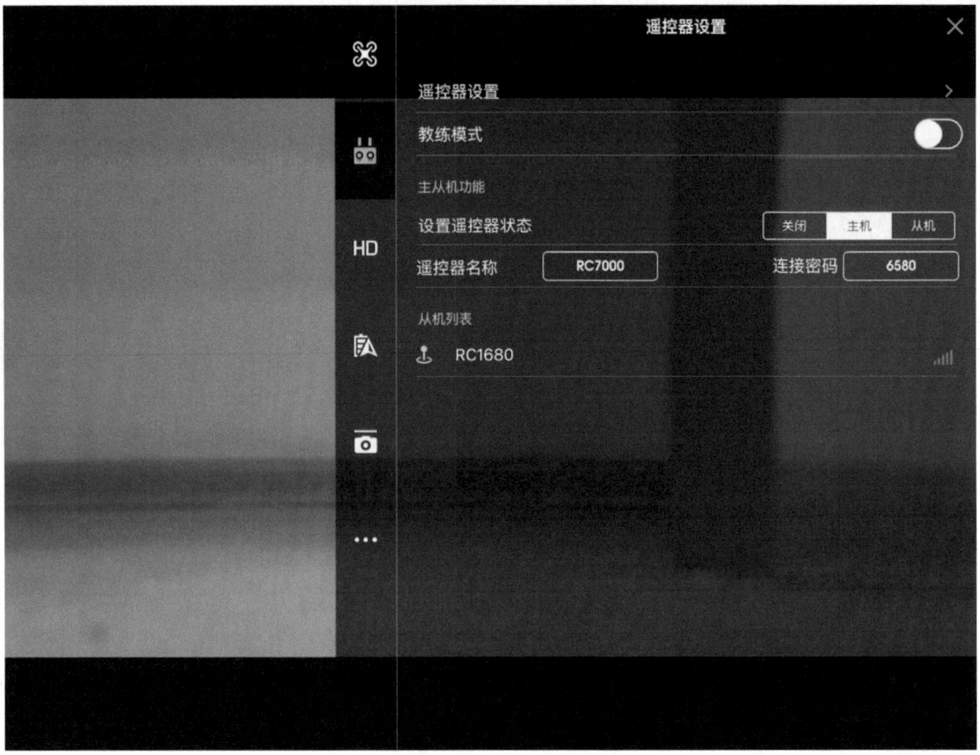

图3.9　遥控器设置界面

（3）App 显示倒数对话框，此时遥控器状态指示灯显示蓝灯闪烁，并发出"嘀嘀"提示音。

（4）按下飞行器上的对频按钮后松开，等待几秒钟后完成对频。对频成功后，遥控器状态指示灯显示绿灯常亮。

2）设置多机互联模式

多旋翼无人机巡检作业可由单人使用遥控器完成，也可由两人分别使用"主"和"从"遥控器配合完成多旋翼无人机巡检作业。

当多旋翼无人机巡检作业由两人分别使用"主"和"从"遥控器开展时，"主"遥控器操作者可专注于操控飞行器的航行，而"从"遥控器操作者可控制云台朝向，进行拍照操作，但无法操控飞行器航行。主、从机通过 Wi-Fi 进行通信。

多机互联模式默认关闭，在使用多机互联模式前，需分别对"主"遥控器与"从"遥控器进行设置。"主"遥控器需设置连接密码，"从"遥控器通过连接密码与主机连接，设置步骤如下。

Ⅰ."主"遥控器（图3.10）

（1）连接移动设备，在移动设备上运行 APP。

（2）进入通用设置菜单中的遥控器设置界面。

（3）在"设置遥控器状态"选项中选择"主机"，以设置该遥控器为"主"遥控器。

图 3.10　主机设置界面

（4）密码栏内显示的密码为连接密码，"从"遥控器操作者使用该密码与飞行器连接。

Ⅱ."从"遥控器（图 3.11）

（1）在"设置遥控器状态"选项中选择"从机"，确保遥控器工作在"从机"状态。

图 3.11　从机设置界面

（2）点击"搜索主机"，搜索附近主机。

（3）从搜索到的主机中选择需要连接的主机，输入连接密码，连接至主机。

2. 遥控器指示灯信息（以 DJI INSPIRE 2 为例）

遥控器上表面安装了返航提示灯以及遥控器状态指示灯，如图 3.12 所示。

返航提示灯显示飞行器的返航状态，具体明细见表 3.2。

表 3.2　返航提示灯说明

返航提示灯	提示音	飞行器状态
白灯常亮	启动音	启动返航
白灯闪烁	嘀＊＊＊＊	请求返航
白灯闪烁	嘀嘀＊＊＊＊＊＊	正在返航

遥控器状态指示灯显示要控制的连接状态,具体明细见表3.3。

表3.3　遥控器状态指示灯说明

遥控器状态指示灯	提示音	遥控器状态
红灯常亮	无	遥控器设置为"主"机,但未与飞行器连接
绿灯常亮	无	遥控器设置为"主"机,与飞行器连接正常
紫灯常亮	无	遥控器设置为"从"机,但未与飞行器连接
青灯常亮	无	遥控器设置为"主"机,与飞行器连接正常
红灯慢闪	嘀＊嘀＊＊＊	遥控器错误

图3.12　遥控器

3. 遥控器最佳信号范围

遥控器信号的最佳通信范围如图3.13所示。

图3.13　遥控器信号的最佳通信范围

操控飞行器时,务必使飞行器处于最佳通信范围内,及时调整操控者与飞行器之间的方位与距离,以确保飞行器总是位于最佳通信范围内。5.8 GHz或者2.6 GHz频率下,最佳通信范围的天线位置不同,请根据实际情况调整天线位置。

4. 调整摇杆长度及操控手感设置

不同操作者的手掌大小、操作习惯会有所不同。因此,在利用遥控器操控多旋翼无人机前,应设置适宜的摇杆长度及操控手感曲线,以提高操控的精准性。

1)调整摇杆长度

摇杆中心轴带有螺纹,可通过旋转摇杆顶部的旋钮来调整摇杆的长度。俯视顺时针旋转,摇杆缩短;俯视逆时针旋转,摇杆加长,如图 3.14 所示。

操控手宜在每次操作前擦拭摇杆顶端,以防止摇杆顶端被汗渍、污渍污染,而导致摇杆顶端湿滑,影响操控的精准性。

图 3.14　可调节的遥控器摇杆

2)操控手感设置

操控手感设置分为 EXP、灵敏度及感度三项手感曲线设置项目。

Ⅰ.EXP 曲线

DJI 多旋翼无人机默认摇杆杆量与舵量为直线关系,通过调整 EXP 可将直线关系转换为指数曲线关系,改变摇杆在中点至上下 1/2 位置内与 1/2 位置到上下顶端的舵量敏感度。

假设 EXP 是 0% 相当于关闭了曲线,此时上下推动摇杆,舵机同时会作出对应的(直线关系)动作,重新设定 EXP 是 50%(−50%),此时上下推动摇杆,可以发现在上下推动到 1/2 位置以内时,舵机的动作量明显比 0% 时小了很多,而推动到大于上下 1/2 位置时,舵机的动作量比 0% 时大了很多,摇杆与舵机的直线关系已经转换为一条向下弯曲的指数曲线关系。重新设定 EXP 是 −50%(50%),此时上下推动到 1/2 位置以内时,舵机的动作量明显比 0% 大了很多,而推动到大于上下 1/2 位置时,舵机的动作量明显比 0% 时小了很多,摇杆与舵量的直线关系已经转换为一条向上弯曲的指数曲线关系,但是最大舵量还是一样的。参数设定越高,曲线变化的越明显。X 轴为操作者当前摇杆物理输出量,Y 轴为操作者当前摇杆的逻辑输出量。

简单来说,其是油门相对于输入的一个输出曲线,它可以使物理油门输出不完全按照输入一样线性变化,从而达到满足自己手感的目的。

EXP 曲线调节界面如图 3.15 所示。

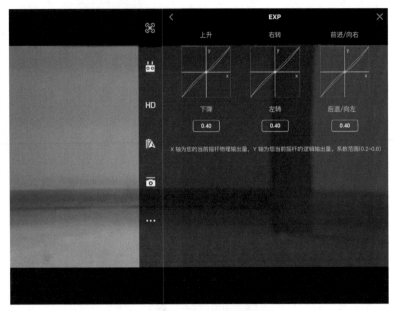

图 3.15　EXP 曲线调节界面

Ⅱ. 灵敏度

灵敏度包括姿态、刹车和偏航行程,适合普通操控人员调节飞机的响应快慢,且安全,不存在感度调节可能引起的操作问题。例如想要让画面从动态到静态的变化更加平滑,那么可以将刹车的灵敏度降低。灵敏度调节界面如图 3.16 所示。

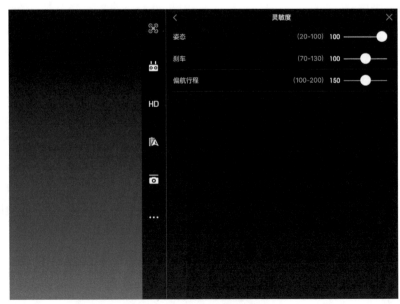

图 3.16　灵敏度调节界面

Ⅲ.感度

基础感度控制飞行器对遥控器摇杆指令的反应速度。该值越大,反应速度越快,动作越干脆。该值过低,飞行器反应迟缓,控制不灵敏;过高,飞行器会在响应方向抖动。

垂直感度会影响飞行器高度锁定的效果,垂直感度是否合适,可以通过以下方式观察:油门在中位时飞行器是否可以锁定当前高度;飞行器在飞航线时飞行高度是否大幅变化。操控者可以先慢慢增加感度(每次 10%)直至出现上下振荡或油门杆反应过于灵敏,然后再减小感度 20%,此时为合适感度。

姿态感度影响飞行器姿态倾斜后恢复水平的速度。姿态感度决定打杆时姿态响应速度的快慢,感度越大,响应越快。增大感度可以获得更快的姿态响应,放手悬停时飞行器回平的速度也越快。但感度太大会造成操控者的控制感受过于僵硬,并且飞行器在飞行时会出现不稳定的晃动;感度太低会造成操控者感觉过于柔和。建议新手不要轻易尝试调节感度。

感度调节界面如图 3.17 所示。

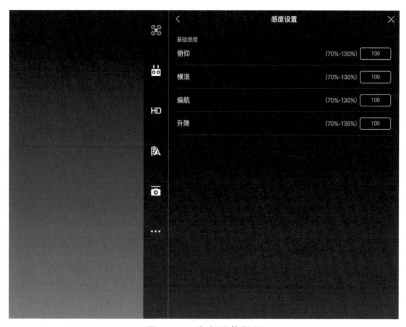

图 3.17　感度调节界面

3.1.2　基本操作(可在书后扫码获取此节视频教学)

3.1.2.1　遥控器简介及操作

1.开启与关闭

操控者可以通过以下步骤开启遥控器,并确认遥控器连接状态。

(1)短按一次遥控器电源按键可查看遥控器当前电量,若遥控器电池电量不足,应给遥控器充电。

(2)短按一次遥控器电源按键,然后长按 2 s,可以开启遥控器。

（3）遥控器提示音可以提示遥控器状态,遥控器状态指示灯绿灯常亮(主机显示绿色,从机显示青色)表示连接成功。

无人机巡检作业结束后,操控者可通过短按一次遥控器电源按键,然后长按2s以关闭遥控器。

2.切换飞行模式

拨动飞行模式切换开关可以控制飞行器的飞行模式。开关处于不同位置对应的飞行模式见表3.4。

表3.4　飞行模式与其切换开关对应情况

位置	图示	对应飞行模式
位置1		P模式(定位)
位置2		S模式(运动)
位置3		A模式(姿态)

飞行模式切换开关默认锁定于P模式,如需在不同飞行模式之间切换,需进入APP打开"允许切换飞行模式"以解除锁定,否则飞行模式切换开关不能实现飞行模式切换的目的。

3.连接移动设备

在执行无人机巡检作业时,操作人员需通过与遥控器连接的移动设备对飞行器进行设置、观看实时图传以及了解飞行器的各项参数状态。

操控人员可通过USB接口实现遥控器与移动设备的连接,将安装了相应APP的移动设备用数据线与遥控器背部的USB接口连接,将移动设备安装至移动设备支架上,调整移动设备支架的位置,确保移动设备安装牢固,如图3.18所示。

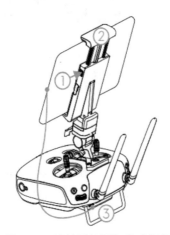

图3.18　连接遥控器与移动设备

3.1.2.2　开启/关闭飞行器电池

飞行器起飞需安装独立的电池(图 3.19),正确安装并开启飞行器电池后,方可开始进行飞行器设置及开展无人机巡检工作。

飞行器带有专门适配飞行器电池的卡槽,将飞行器电池插入卡槽,确认扣紧后方可开启电池。短按飞行器电源按钮一次,可查看当前电量。操控人员在安装电池时及起飞前均应检查电池电量。

开启电池:在电池关闭状态下,先短按飞行器电源按键一次,再长按电源按键 2 s 以上,即可开启电池。

关闭电池:在电池开启状态下,先短按飞行器电源按键一次,再长按电源按键 2 s 以上,即可关闭电池。电池关闭后,指示灯均熄灭。

图 3.19　飞行器独立电池

3.1.2.3　指南针校准

当 APP 或飞行器状态指示灯提示需要进行指南针校准时,切勿盲目冒进起飞,应按照以下步骤进行指南针校准工作。

(1)进入 APP 相机界面,点击正上方的飞行状态指示栏,在列表中选择指南针校准,飞行器状态指示灯常亮代表指南针校准程序启动。

(2)水平旋转飞行器 360°,飞行器状态指示灯绿灯常亮,如图 3.20 所示。

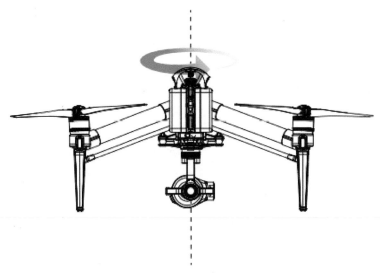

图 3.20　水平旋转飞行器 360°

（3）使飞行器机头朝下，水平旋转 360°，如图 3.21 所示。

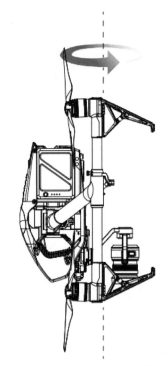

图 3.21　飞行器机头朝下旋转 360°

（4）完成校准，若飞行状态指示灯显示红灯闪烁，表示校准失败，应重复以上步骤重新校准指南针。

选择开阔场地进行指南针校准工作。若指南针校准完成后，飞行器状态指示灯仍显示红黄灯交替闪烁，则表示受到干扰，应更换校准场地。若指南针校准成功后，将飞行器放回地面时再次提示需要校准,应将飞行器转移至其他的位置放置。

3.1.2.4　手动启动 / 停止电机

1. 启动电机

执行“内八”或“外八”掰杆动作可启动电机,如图 3.22 所示。电机起转后,应马上松开摇杆。

　　　　“内八”解锁　　　　　　　　　　　　　　　　“外八”解锁

图 3.22　“内八”和“外八”解锁启动电机

2. 停止电机

电机起转后,有两种停机方式。

方法一:飞行器着地之后,先将油门推杆到最低位置,然后执行“内八”或“外八”掰杆动作,电机将立即停止,停止后即松开摇杆。

方法二:飞行器着地之后,将油门推杆到最低的位置并保持 3 s 后,电机停止。

在空中停止电机将会导致飞行器坠毁,故仅在飞行过程中飞行器出现故障,存在造成人身及重大事故的可能时,才可在空中停止电机,以最大限度地减少伤害。

操控人员向内拨动左摇杆的同时按下返航按键可在空中停止电机。

3.1.2.5　自动起飞与自动降落

1. 自动起飞

飞行器状态指示灯显示绿灯慢闪或双闪后,操控人员可选择使用自动起飞功能。可按照以下步骤实现飞行器自动起飞:

(1)打开 APP,进入相机界面;

(2)根据界面提示,进行飞行前检查;

(3)点击屏幕左侧的“　”,确认安全起飞条件,向右滑动按钮确定起飞;

(4)飞行器将自动起飞,在离地面 1.2 m 处悬停。

注意:绿灯双闪表示仅依赖视觉定位系统飞行,飞行器能在 10 m 以下高度稳定飞行。建议等待至绿灯慢闪后再使用自动起飞功能。

自动起飞界面如图 3.23 所示。

图 3.23　自动起飞界面

2. 自动降落

飞行器的状态指示灯显示绿灯慢闪或双闪后,操控人员可选择使用自动降落功能。可按照以下步骤实行飞行器自动降落:

(1)点击" ↓ ",确认安全降落条件,向右滑动按钮确定进入自动降落;

(2)飞行器下降过程中,操控人员可以通过点击屏幕上的 Ⓧ 按钮退出自动降落过程;

(3)若飞行器降落保护功能正常且检测到地面可降落,飞行器将直接降落;

(4)若飞行器降落保护功能正常,但检测到地面不可降落,则飞行器悬停,等待用户操作;

(5)若飞行器降落保护功能未能得到检测结果,则下降到离地面 0.7 m 时, APP 将提示操控人员是否需要继续降落,点击确认后,飞行器将继续下降;

(6)飞行器降落至地面并自行关机。

3.1.2.6　飞行前检查

(1)遥控器、飞行器电池及移动设备电量充足。

(2)机臂展开并锁紧,起落架安装紧固,螺旋桨安装正确。

(3)所有设备固件均为最新版本。

(4)确保已插入 microSD 卡。

(5)电源开启后相机和云台正常工作。

(6)开机后电机能正常启动。

(7)APP 正常运行,且无异常警告。

(8)确保摄像头及感知模块保护玻璃片清洁。

3.1.2.7　起落架控制

飞行器起落架具有自动升降的功能,飞行器首次达到 1.2 m 时起落架将会自动升起,每次下降到离地面 0.8 m 时起落架会自动下降,如图 3.24 所示。操控人员可通过 APP 启用或禁用此功能。操控人员也可通过遥控器的变形控制开关,手动控制起落架位置。

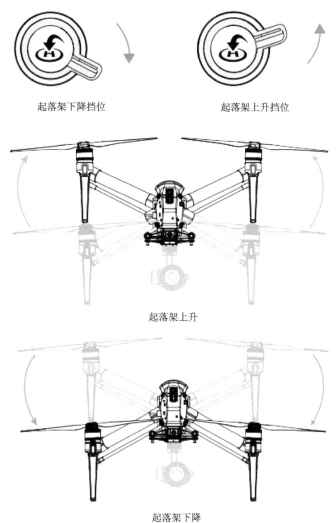

起落架下降挡位　　　　　　　起落架上升挡位

起落架上升

起落架下降

图 3.24　飞行器起落架自动升降

为保护云台相机,飞行器在地面时,禁用此项功能。如果未放下起落架,则不能完成降落。

3.1.2.8　基础飞行步骤

(1)把飞行器放置在平整开阔地面上,操控人员面朝机尾。

(2)开启遥控器和飞行器电池。

(3)运行 APP,连接移动设备与遥控器,进入相机界面。

(4)等待飞行器状态指示灯绿灯慢闪,进入可安全飞行状态,执行"外八"或"内八"掰杆动作,启动电机。

(5)向上缓慢推动油门杆,让飞行器平稳起飞。

(6)需要下降时,缓慢下拉油门杆,使飞行器缓慢下降至平整地面。

(7)落地后,将油门杆拉到最低的位置,并保持至电机停止。

(8)停机后,依次关闭飞行器和遥控器电源。

3.1.2.9 基础飞行练习

在真正具备开展架空输电线路无人机巡检作业能力之前,先要进行多旋翼无人机基础飞行练习。在进行多旋翼无人机基础飞行练习时,为加强练习效果,建议飞行练习过程中不使用 GPS 模式,宜选用姿态模式。

1. 垂直上升、悬停、垂直下降

练习方法:飞行器由 1 m 高度悬停开始,匀速垂直上升至 4 m 高度,悬停 5 s 后转入匀速垂直下降过程,在 1 m 高度停止下降并转为悬停。

要求:上升、下降过程中均要保持 1 m/s 匀速,飞行器水平范围不能超过直径 2 m 的圆,尽量保持无人机飞行姿态平稳,无明显的大幅修正动作。

操作技巧:飞行器在姿态模式下,受风力影响较大,无论在上升、下降阶段还是悬停阶段,操控人员均需要通过俯仰、副翼操纵杆及时修正无人机的飞行姿态,已保证无人机不会偏离直径 2 m 的圆。

2. 四位悬停

练习方法:无人机在 2 m 高度悬停 2 s 后,每悬停 2 s 后原地转 90°(左右均可),直至完成对尾→对右侧面→对头→对左侧面。

要求:悬停旋转时高度不变,旋转过程中机体无偏航,停止时角度正确,保持姿态稳定,旋转过程匀速,整个过程无错舵现象发生。

操控技巧:旋转过程中由于螺旋桨的反扭矩影响,如不及时修正可能会出现偏航。而且操纵人员需要及时调整思维,以熟练操控不同朝向的无人机。

3. "8"字飞行

"8"字飞行练习场地布置如图 3.25 所示。

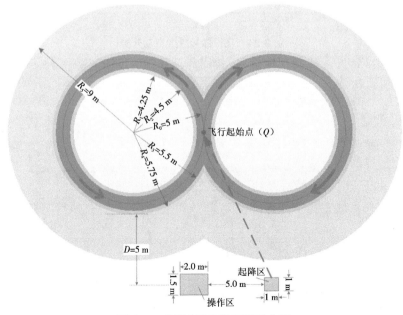

图 3.25　"8"字飞行练习场地布置

（1）场地上布置与"8"字等同尺寸的油布，作为飞行参照物。

（2）从起降区到飞行起始点之间的飞行路径可任意选择。

（3）正飞"8"字时，飞行路径如深色箭头所示，操控人员可自行选定初始飞行方向，顺时针（右圆）或逆时针（左圆）均可。

练习方法：在起降区起飞后，原地悬停确定无人机状态正常后，操控无人机飞至飞行起始点；正飞时，前推俯仰摇杆同时操控航向摇杆，并通过副翼修正无人机飞行轨迹，使无人机沿"8"字轨迹飞行，控制飞行速度，以每个圆 1 min 为宜。

要求：速度均匀，转向平滑，姿态平稳，高度恒定。

操控技巧：速度均匀并不仅仅是保持俯仰摇杆的杆量始终一致，操控人员需根据风速、风向等现场条件及时调整俯仰摇杆杆量，以实现速度均匀；在无人机前进过程中，保持航向杆量始终一致，以实现转向平滑；在姿态模式下，即便不考虑风对无人机的影响，无人机也会受离心力的作用偏离轨迹，因此操控人员需要利用副翼摇杆及时修正无人机飞行轨迹，利用油门摇杆及时调整飞行高度。

在练习过程中，操控人员需特别注意克服视觉误差，以保证无人机飞行轨迹与地面轨迹吻合。

3.1.3　任务设备操作

3.1.3.1　控制相机

操控人员可通过遥控器上的"拍照"按键、"录影"按键、"相机设置转盘"实时远程操控相机进行拍摄创作，如图 3.26 所示。

图 3.26　遥控器上控制相机的按键

（1）相机设置转盘：短按一次可唤醒参数调整功能，拨动以调整相机曝光设置；在唤醒状态下短按可在允许调整的参数间切换；10 s 内无操作将自动锁定。

（2）拍照按键：按下一次可以拍摄单张照片，按住不放可以连拍照片；录影过程中，按下该键也可以实现拍照；通过 APP 可选择单张、多张或者定时拍摄模式。

（3）录影按键：按下开始录影，再次按下停止录影。

（4）云台俯仰控制拨轮：可控制相机的俯仰拍摄角度。

3.1.3.2　云台操控

多旋翼无人机普遍搭在三轴稳定云台为相机提供的稳定平台上，在飞行器飞行状态下，相机能拍摄出稳定的画面。

云台可按图 3.27 中 3 轴转动。

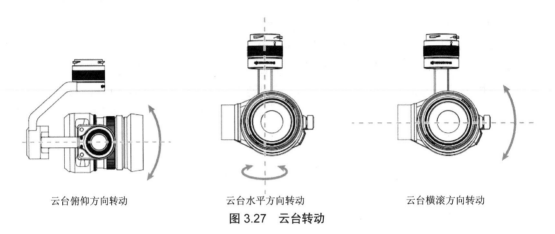

云台俯仰方向转动　　　　　云台水平方向转动　　　　　云台横滚方向转动

图 3.27　云台转动

云台工作模式分为以下两种。

（1）跟随模式：该模式下无法控制云台平移轴转动。

（2）自由模式：该模式下云台水平转动方向独立于飞行器机头航线运动。

1. 利用遥控器操控云台

当单遥控器操作时，云台只有跟随模式和自由模式。跟随模式下无法控制云台平移轴转动；自由模式下，按住遥控器 C1 按键并拨动控制拨轮可控制云台平移轴转动。

当使用多机互联模式，从遥控器获得控制权时，云台将处于自由模式，从遥控器通过左、右两操纵杆可控制云台俯仰、水平运动。

2. 使用 APP 控制云台朝向

除了可以使用遥控器控制云台以外，用户还可进入 APP 的相机界面操控云台方向，具体使用步骤如下：

（1）打开 APP，进入相机界面；

（2）手指轻触屏幕直至出现蓝色光环；

（3）如图 3.28 所示在相机界面上滑动手指以控制云台方向。

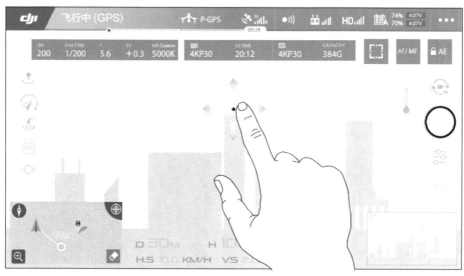

图 3.28　在相机界面上滑动手指以控制云台方向

3.1.3.3　相机设置及参数设定

1. 自动对焦 / 手动对焦

AF/MF：点击可以切换对焦模式为自动对焦或手动对焦。

在自动对焦模式下，操控人员可手动点击图传画面中想要对焦的部位，系统将自动对焦于该部位。

在手动对焦模式下，操控人员需上下拖动对焦条，以实现手动对焦。

2. 自动曝光锁定

🔒AE：点击按键可锁定当前曝光值。

3. 对焦 / 测光切换按键

[ ] / ⊙：点击按键可切换对焦和测光。

在对焦模式下，操控者点击图传画面可实现对焦。

在测光模式下，操控者点击图传画面可实现该区域测光。

4. 拍照 / 录影切换按键

：点击按键可切换拍照或录影模式。

5. 云台角度提示

该刻度条可显示云台当前角度，当进度条中圆点为蓝色时，表明云台当前为水平状态。

6. 回放按键

▶：点击按键可查看已拍摄的照片及视频。

7. 拍摄参数设置

：点击按键可设置拍照与录影的各项参数。例如相机的 ISO、快门、曝光补偿参数以及录影的色彩模式、录影文件格式等参数，如图 3.29 至图 3.31 所示。

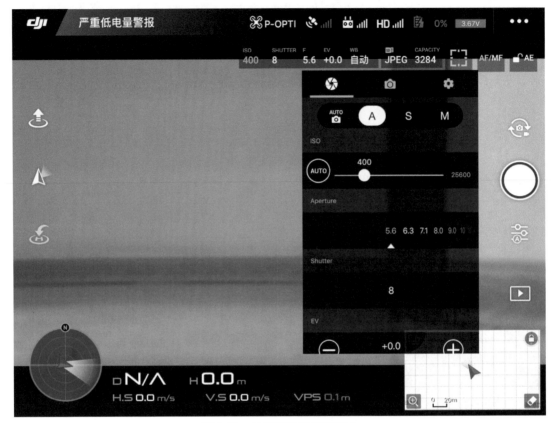

图 3.29　拍摄参数设置界面 1

在 AUTO 模式下，操控人员只可调节曝光补偿参数，ISO 及快门速度会随着曝光补偿参数自动调节。

在 M（手动）模式下，ISO、快门速度和曝光补偿参数可分别独立调节。为保证无人机巡检作业照片清晰有效，快门时间不得过长，不得高于 0.01 s。

在无人机巡检作业中，拍照模式宜选择单拍。当现场飞速较大，飞行器不够平稳时，也可选择连拍或降低快门时间。

照片尺寸可选择输出照片的长宽比，有 4∶3 和 16∶9 两种长宽比可选。

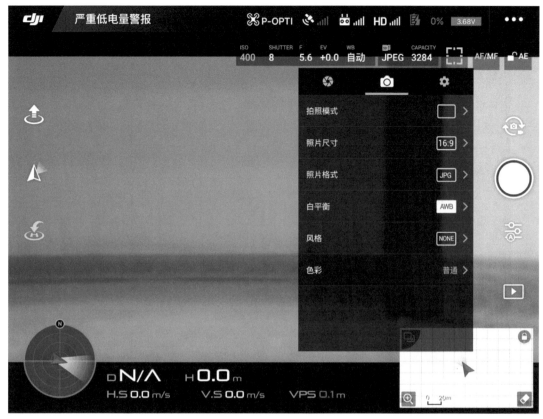

图 3.30　拍摄参数设置界面 2

　　照片格式设置中,可选择设置输出照片的格式,有 RAW、JPEG 和 JPEG+RAW 三种模式可选。RAW 格式的照片占用存储空间较大,但可储存更多的图像信息。当选取 JPEG+RAW 模式时,每次拍摄会储存两种不同格式的照片。在架空输电线路无人机巡检作业中,JPEG 格式的照片可以满足图像要求。

　　操控人员可根据拍摄环境选择白平衡模式,根据拍摄需求选择色彩模式。

　　开启"直方图"选项可显示画面整体明暗分布,横轴代表左边暗、右边亮,越靠近左越暗,直到纯黑,越靠近右越亮,直到纯白;纵轴代表像素多少,越高越多。

　　开启"网格"选项可便于操控者在拍摄照片时合理构图。

　　开启"中心点"选项可在图像中间添加中心点标志。

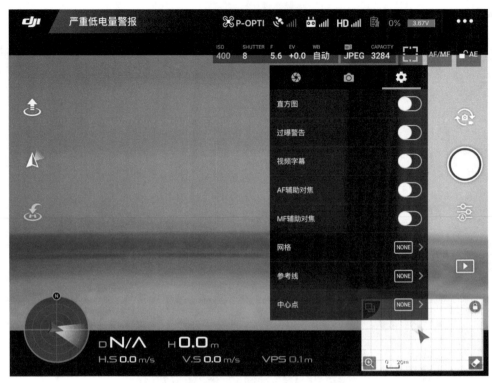

图 3.31 拍摄参数设置界面 3

3.1.4 摄影知识

基础参数说明如下。

1. 感光度(ISO)

ISO 值代表感光度,表示相机感光元件对光线的敏感程度。感光度越高,对光线的敏感度也就越强;感光度越低,对光线的敏感程度也就越低。

在其他参数不变时,感光度越高,照片越亮;感光度越低,照片越暗。ISO 值设置越高,相机所输出的照片的噪点越多,影响画面质量。

2. 快门(SHUTTER)

快门的作用主要是控制曝光时间。当飞行器感光度保持不变时,若快门时间过短,会造成画面整体较暗,不利于后期缺陷识别;若快门时间过长,则受飞行器轻微抖动的影响,可能会造成照片模糊。

3. 曝光值(EV)

曝光值常用 EV 表示,在拍摄过程中,有些被摄物体过亮或过暗时,需要调整 EV 的值。

在典型欠曝场景,物体亮部的区域较多,如逆光、强光下的水面、雪景、日出日落场景等,需要将 EV 值调高。在典型过曝场景、物体暗部的区域较多,如密林和阴影中的物体、黑色物体的特写等,需要将 EV 值调低。

4. 白平衡

白平衡是摄像领域一个非常重要的概念,通过设置白平衡可以解决色彩还原和色调处理的一系列问题。

5. 光圈

通常用 f 值表示光圈大小。通过面积可变的孔桩光栅来控制镜头的通光量,这个装置称为光圈。f 值越小,光圈越大,镜头进光量越大,画面比较亮;反之,f 值越大,光圈越小,进光量越小,画面比较暗。

3.2　多旋翼无人机输电线路通道巡检

3.2.1　输电线路通道巡检简介

目前,中国电网规模居世界第一。中国输电线路建设的年复合增长率将达到 6%,高于全球 3% 的增速。尽管如此,与高速的增长相比,我国的电力巡线方法和技术却依然滞后,并造成不少人力、物力以及社会资源的浪费。长距离线路工程跨度大,人工进行大范围巡线时工作量巨大,且沿线地形地势复杂,个别线路杆塔位置特殊,人工巡检难以前往作业。山区巡线具有高风险性,时刻威胁着巡线人员的生命安全。遇到冰雪、地震、滑坡等自然灾害时,巡线工作将无法开展。

无人机在通道巡检中的优势:降低劳动强度,提高工作效率;巡线工作环境受限制小,可迅速高效完成巡线工作;人机分离作业,无须操作人员进入高危险工作环境中涉险,与有人直升机巡线相比,可提高巡线作业人员的安全性,降低成本;小巧灵活,自动避障功能可有效防止对电路、杆塔元件造成损伤。

多旋翼无人机可用来巡视线路通道走廊,查看线路周边环境是否存在火山源、地质滑坡、树木过度生长等情况。传统固定翼无人机的起降都需要有一块比较大的场地,这对于频繁的野外作业来说很难满足。多旋翼无人机具有场地需求小、无须跑道的优势,特别适合在人口密集区域作业。

3.2.2　多旋翼无人机超视距飞行

视距内(Visual Line of Sight,VLOS)运行指无人机在驾驶员或观测员与无人机保持直接目视视觉接触的范围内运行,且该范围为目视视距内半径不大于 500 m,人、机相对高度不大于 120 m。

超视距(Beyond VLOS,BVLOS)运行指无人机在目视视距以外的运行。输电线路通道巡视多为超视距飞行,在开展无人机通道巡检作业前,作业人员应提前进行现场勘察,核实无人机巡检航线的轨迹,探明在飞行航线的下面是否存在线路的交叉跨越以及周围的环境、空域等情况,寻找合适的地方作为起降点,应通过地理影像信息图选择合适的起降位置,做好现场勘察工作。现场勘察工作应全面且细致,必须核对巡检线路每基杆塔的线路坐标及海拔高度、是否有跨越或穿越的线路等,同时还应考虑起降点及交通运输条件。在作业过程中,作业人员应严格按照地面站软件操作程序进行操作。在无人机作业过程中,作业人员应密切关注地面控制站监控仪表,正确识别飞行数据、飞行的正常或故障状态。

3.2.3　航线规划和计算

输电线路通道巡检主要是通过一个垂直航线获取通道影像,得到通道下方的地物情况,后期利用相应软件辅助及人工判别可得出输电线路通道的隐患所在具体位置和分类。近年来,消费级无人机功能逐步完善,吸引了许多研究者的目光,越来越多的研究者将消费级无人机作为生产工具使用。轻巧型消费级多旋翼无人机特别适合在人口密集区域进行作业。

无人机航线飞行功能指的是航空飞行器依照环境中一组预先定义的点进行自主飞行。输电线路通道巡检作业的安全、效果及效率与无人机作业航线有着密切的关系,航线规划是通道巡检作业的关键。本节主要介绍如何计算和规划巡检航线。

3.2.3.1　航线设计基本要素

1. 相机参数

由于相机的参数直接影响航线设计的航高以及重复率等参数的设定,因此首先需要了解无人机所搭载相机的相应参数,具体包括相机像素、镜头视场角、焦距、传感器尺寸等。在此设 f 表示相机焦距,$\angle F$ 为相机镜头视场角,其又可细分为横向视场角及纵向视场角。

2. 地面分辨率

地面分辨率(GSD)表示影像能够分辨最小地物的能力,应依据实际需求适当设计地面分辨率的数值。地面分辨率用 R 表示,其与航高 H 以及传感器尺寸 δ 关系为

$$R = \delta \cdot \frac{H}{f} \tag{3.1}$$

由式(3.1)可知,使用给定相机焦距的无人机,地面分辨率与其航高成正比关系。

3. 飞行相对高度

已知无人机相对地面高度,可计算出影像的地面分辨率,无人机飞行相对高度可由下式得到:

$$H = \frac{R \cdot n_L}{2 \tan \dfrac{\angle F_V}{2}} \tag{3.2}$$

式中:n_L 表示传感器纵边像元数量;$\angle F_V$ 表示纵向视场角。

4. 航向重叠度

航向重叠度表示相同航摄基线上两张相邻影像的重复率,即

$$p1 = 1 - \frac{v \cdot T}{2H \cdot \tan \dfrac{\angle F_V}{2}} \tag{3.3}$$

式中:T 表示航线相邻影像拍摄间隔时间;v 表示无人机飞行速度。

在已知重叠度要求后,可由式(3.3)计算得到无人机的拍照间隔或飞行速度。

5. 旁向重叠度

旁向重叠度表示影像与相邻航线中相应影像之间的重复率,常用于表达航线间距,可由下式得到:

$$p2 = 1 - \frac{D}{2H \cdot \tan \dfrac{\angle F_H}{2}} \tag{3.4}$$

式中:D 表示两航线间距离;$\angle F_H$ 表示无人机镜头横向视场角。

6. 飞行速度

无人机飞行速度过快或相机曝光时间较长将产生运动模糊效应,要求影像位移小于感光元件大小的 30%,依据下式可得到最大飞行速度:

$$v_{\max} = \frac{S_{\max}}{t} \cdot R \tag{3.5}$$

式中:$S_{\max}$ 表示最大像移量;t 表示曝光时间,曝光时间应依据测区现场环境设定,并依式(3.5)规划无人机飞行速度。

3.2.3.2 通道巡检航线设计

1. 作业范围规划

根据班组负责线段情况、线路运行规范、巡视计划安排、无人机作业能力等,对无人机作业范围进行规划。以消费级无人机大疆"御"2 系列无人机为例,单次作业航线宜控制在 6~7 km 长度范围内。

2. 选取主要航点

通过杆塔明细表得到作业区段内各个杆塔的坐标、杆塔全高等参数,通常选取转角杆塔作为主要航点进行计算,如图 3.32 所示。

3. 计算拍摄航点

通过给定的地面分辨率(GSD)、航向重叠度、旁向重叠度,结合指定飞行器传感器和镜头参数,可以计算出无人机航线相对高度、拍摄照片间隔时间或者间隔距离、航线间隔距离,进而可以计算出进行拍摄的位置航点。

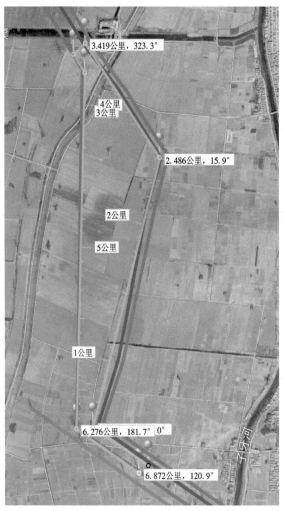

图 3.32　选取主要航点

4. 在确定最后航线前,对航线进行安全检查。结合杆塔明细表和作业轨迹高程剖面图(图 3.33),对航线高度进行复核,确认作业航线与杆塔保持足够的安全距离。

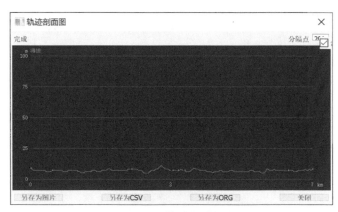

图 3.33　轨迹剖面图

3.2.4　地面站软件介绍

本节以大疆 DJI Pilot 地面站软件为例简要介绍如何使用地面站软件控制无人机进行航线飞行操作。

3.2.4.1　无人机设备连接

（1）启动飞行器,等待飞行器完成校准准备工作。

（2）启动遥控器,点击遥控器上的启动按钮启动遥控器。

（3）启动 DJI Pilot 地面站软件,将装有 DJI Pilot 的手机或平板通过 USB 数据线连接到遥控器上,在手机或平板上弹出的选项框里选择"DJI Pilot",如图 3.34 所示。

为 USB 设备选择一个应用

    DJI GO

    DJI GO 4

    DJI Pilot

仅此一次　　始终

图 3.34　启动 DJI Pilot 地面站软件

（4）进入手动飞行页面,屏幕截图如图 3.35 所示。

图 3.35　手动飞行页面

3.2.4.2　功能介绍

在航线飞行页面里可以选择创建航线和 KML 导入。在创建航线功能里包含航点飞行、建图航拍、倾斜摄影三个模块,如图 3.36 所示。

图 3.36　创建航线功能

3.2.4.3　KML 导入

在实际应用中,往往根据已有的 KML 文件来加载作业任务,KML 文件的导入直接点击"KML 导入"按钮,在弹出的文件选择界面中选择相应的 KML 文件进行导入。完成相应的 KML 文件导入后,即可在航线库页面看到已经导入的航线,如图 3.37 所示。

图 3.37　KML 导入

3.2.4.4　创建任务

在创建航线功能页面,点击不同功能按钮即可进入相对应的任务编辑页面,如图 3.38 至图 3.40 所示。

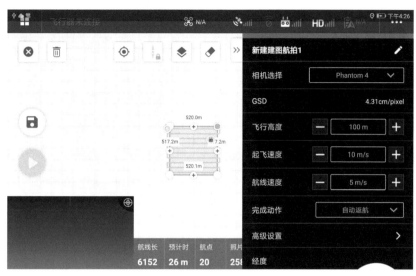

图 3.38　建图航拍(正射影像)编辑页面

图 3.39　航点飞行编辑页面

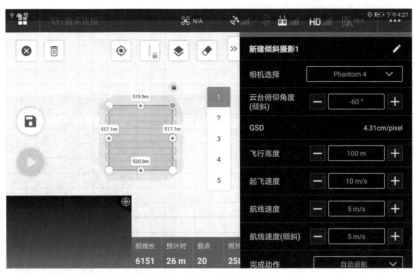

图 3.40　倾斜摄影编辑页面

3.2.4.5　规划航线

在航点飞行编辑页面可以通过点击屏幕添加飞行航点,如图 3.41 所示。

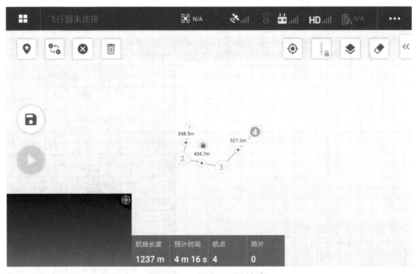

图 3.41　添加飞行航点

3.2.4.6　编辑航点

点击需要编辑的航点后进入单个航点编辑页面,在航点编辑页面可对航点高度、飞行器偏航角、飞行器旋转方向、云台俯仰角、航点动作等进行编辑,如图 3.42 和图 3.43 所示。

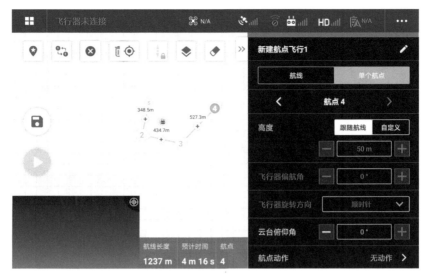

图 3.42　编辑航点 1

图 3.43　编辑航点 2

3.2.4.7　执行任务

点击需要执行的任务航线,并再次检查航线设置,如图 3.44 所示。点击航线执行按钮,无人机起飞前再次检查无人机状态,确认无误后,滑动解锁,启动无人机开始自动执行作业任务。

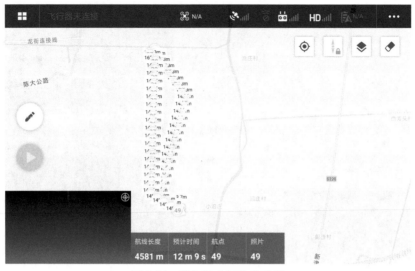

图 3.44   载入无人机作业航线

3.2.5   作业航线文件简介

在大疆 DJI Pilot 地面站软件中,已经规划完成的航线可通过导入 / 导出 KML 文件进行管理和编辑。本节主要介绍 DJI Pilot 地面站软件 KML 文件基本格式,方便读者可以脱离 DJI Pilot 软件生成可用的 KML 航线文件。

3.2.5.1   航线文件基本结构

航线文件基本结构如图 3.45 所示。

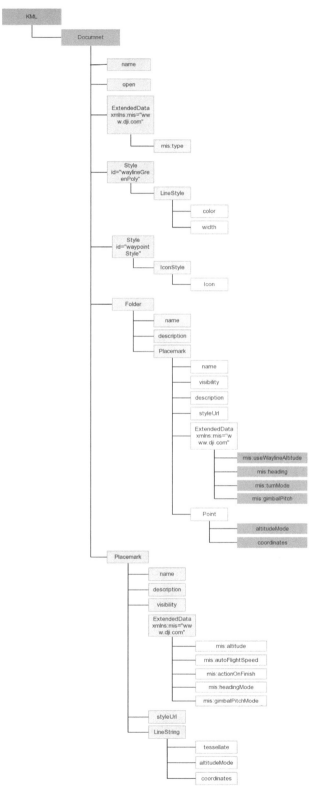

图 3.45　航线文件基本结构

3.2.5.2 航线文件样本

```xml
<? xml version=" 1.0" encoding="UTF-8" ? >

<kml xmlns=" http://www.opengis.net/kml/2.2">
 <Document xmlns="">
  <name>TestFlight1</name>
  <open>1</open>
  <ExtendedData xmlns:mis=" www.dji.com">
   <mis:type>Waypoint</mis:type>
  </ExtendedData>
  <Style id=»waylineGreenPoly">
   <LineStyle>
    <color>FF0AEE8B</color>
    <width>6</width>
   </LineStyle>
  </Style>
  <Style id=»waypointStyle">
   <IconStyle>
    <Icon>
     <href>https://cdnen.dji-flighthub.com/static/app/images/point.png</href>
    </Icon>
   </IconStyle>
  </Style>
  <Folder>
   <name>Waypoints</name>
   <description>Waypoints in the Mission.</description>
   <Placemark>
    <name>Waypoint1</name>
    <visibility>1</visibility>
    <description>Waypoint</description>
    <styleUrl>#waypointStyle</styleUrl>
    <ExtendedData xmlns:mis=" www.dji.com">
     <mis:useWaylineAltitude>true</mis:useWaylineAltitude>
     <mis:heading>0</mis:heading>
     <mis:turnMode>Clockwise</mis:turnMode>
     <mis:gimbalPitch>0.0</mis:gimbalPitch>
```

```
    </ExtendedData>
    <Point>
      <altitudeMode>relativeToGround</altitudeMode>
      <coordinates>117.11880978534488,39.04156031945702,50.0</coordinates>
    </Point>
  </Placemark>
  <Placemark>
    <name>Waypoint2</name>
    <visibility>1</visibility>
    <description>Waypoint</description>
    <styleUrl>#waypointStyle</styleUrl>
    <ExtendedData xmlns:mis="www.dji.com">
      <mis:useWaylineAltitude>true</mis:useWaylineAltitude>
      <mis:heading>0</mis:heading>
      <mis:turnMode>Clockwise</mis:turnMode>
      <mis:gimbalPitch>0.0</mis:gimbalPitch>
      <mis:actions>ShootPhoto</mis:actions>
    </ExtendedData>
    <Point>
      <altitudeMode>relativeToGround</altitudeMode>
      <coordinates>117.11911059117473,39.04033124994051,50.0</coordinates>
    </Point>
  </Placemark>
</Folder>
<Placemark>
  <name>Wayline</name>
  <description>Wayline</description>
  <visibility>1</visibility>
  <ExtendedData xmlns:mis="www.dji.com">
    <mis:altitude>50.0</mis:altitude>
    <mis:autoFlightSpeed>5.0</mis:autoFlightSpeed>
    <mis:actionOnFinish>GoHome</mis:actionOnFinish>
    <mis:headingMode>Auto</mis:headingMode>
    <mis:gimbalPitchMode>UsePointSetting</mis:gimbalPitchMode>
  </ExtendedData>
  <styleUrl>#waylineGreenPoly</styleUrl>
```

```
    <LineString>
     <tessellate>1</tessellate>
     <altitudeMode>relativeToGround</altitudeMode>
     <coordinates>117.11880978534488，39.04156031945702，50.0 117.11911059117473，
39.04033124994051，50.0</coordinates>
    </LineString>
   </Placemark>
  </Document>
 </kml>
```

3.2.5.3　航线文件参数说明

航线文件参数说明如图 3.46 至图 3.48 所示。

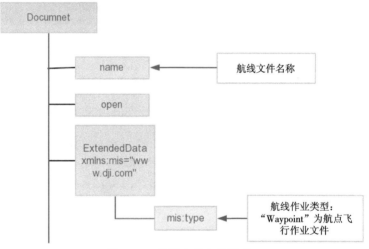

图 3.46　航线文件参数说明 1

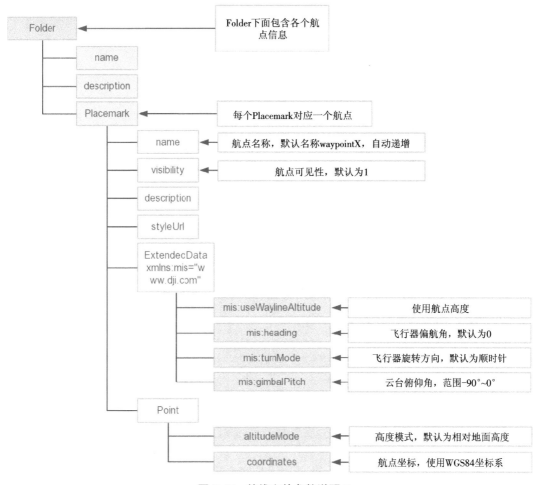

图 3.47　航线文件参数说明 2

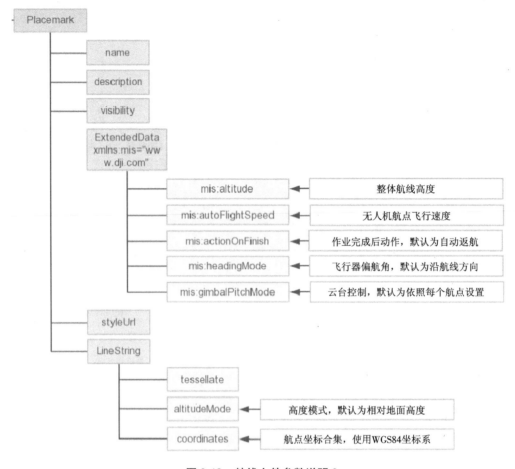

图 3.48　航线文件参数说明 3

3.2.6　现场作业步骤及注意事项

现场作业步骤:巡检航线准备;作业现场勘察;无人机起飞前准备;调用并执行巡检航线;巡检作业数据处理。

1. 巡检航线准备

通过对巡视计划进行分析规划,确定巡视任务及巡视范围。根据作业机型的能力和特点,正确编制巡检航线,生成正确的航线 KML 文件。

将生成的正确 KML 航线文件存入地面站平板电脑中,在 DJI Pilot 地面站软件中使用航线导入功能把规划航线导入,并再次检查航线文件。

2. 作业现场勘察

前往待巡检杆塔附近时,密切观察待巡检杆塔周围环境情况。作业前复核杆塔号,确认作业区域,选定合适起降点位。通过杆塔明细表或使用激光测距仪测量作业区域内最高障碍物高度。

3. 无人机起飞前准备

完成现场勘察后,操控手应将无人机展开,安装存储卡等部件,进行上电自检。若地面站软件提示磁罗盘有干扰,应严格按照软件说明对无人机磁罗盘进行校准,确保无人机起飞前一切正常。

4. 调用并执行巡检航线

在 DJI Pilot 地面站软件界面选择航线飞行。进入该功能后,在航线库中选择正确的航线。起飞前再次检查航线设置,确保作业安全。点击航线执行按钮,上传航线至无人机。地面站软件将再次检查无人机状态,确认无误后滑动解锁,无人机开始自动飞行。

在巡检过程中,操控手应注视地面站软件画面,关注无人机、遥控器、地面站电量及电量变化情况,作业过程中密切关注无人机卫星定位状态,禁止从事与作业无关的工作。

巡检结束后,无人机自动降落至起飞点,在完成最后下降过程前,应再次确认周围环境,若不适合降落,操控手应及时切换至手动模式,人工完成最后降落。

5. 巡检作业数据处理

将采集到的影像数据拷贝至电脑中,审图人员使用看图软件对作业影像数据进行判读,找出输电线路通道下的各类隐患进行标注记录并上报。

3.3　精细化巡检

3.3.1　适用范围

本节适用于架空输电线路无人机杆塔精细化巡检,主要内容有:小型多旋翼无人机巡检作业安全要求、技术要求、作业流程、巡检路径、拍摄原则和巡检资料归档等。

3.3.2　编写目的

为了进一步提升无人机杆塔精细化巡检的质量,规范小型多旋翼无人机本体巡检作业流程和拍摄原则,同时给一线作业人员提供一本实用化作业指导手册,而编写本节。

3.3.3　安全要求

无人机本体巡检应遵守相关的安全规定,具体要求如下:

(1)作业前应密切注意当地空域情况;

(2)作业前应掌握巡检设备的型号和参数、杆塔坐标及高度、巡检线路周围地形地貌和周边交叉跨越情况;

(3)作业前应检查无人机各部件是否正常,包括无人机本体、遥控器、云台相机、存储卡和电池电量等;

(4)作业前应确认天气情况,雾、雪、大雨、冰雹、风力大于 10 m/s 等恶劣天气不宜作业;

(5)保证现场安全措施齐全,禁止行人和其他无关人员在无人机巡检现场逗留,时刻注

意保持与无关人员的安全距离,避免将起降场地设在巡检线路下方、交通繁忙道路及人口密集区附近;

(6)作业前应规划应急航线,包括航线转移策略、安全返航路径和应急迫降点等;

(7)无人机巡检时应与架空输电线路保持足够的安全距离。

3.3.4　技术要求

精细化巡检应满足相应的技术要求,具体如下:

(1)拍摄时应正确设置相机曝光参数,准确选取对焦位置,确保拍摄图像清晰,曝光正确;

(2)待巡检目标应位于画面中部,销钉类目标及缺陷在放大情况下应清晰可见,如图3.49和图3.50所示。

图 3.49　耐张绝缘子导线端

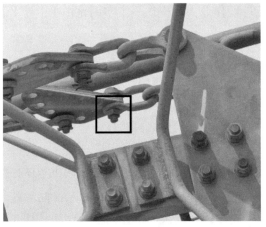

图 3.50　调节板上销钉及缺陷清晰可见(放大)

3.3.5　作业流程

标准化作业流程如图 3.51 所示。

图 3.51　标准化作业流程

3.3.6　拍摄要求

3.3.6.1　拍摄内容

小型多旋翼无人机杆塔精细化巡检拍摄内容应包含杆塔全貌、塔头、杆号牌、绝缘子、各个挂点、金具等,具体拍摄内容见表 3.5。

表 3.5　具体拍摄内容

分类	设备	可见光检测
线路本体	导地线	导地线断股、锈蚀、异物、覆冰等
	杆塔	杆塔倾斜、塔材弯曲、螺栓丢失 / 锈蚀
	金具	金具损伤、移位、脱落、锈蚀等
	绝缘子	伞裙破损、严重污秽、放电痕迹等
	基础	塌方、护坡受损、回填土沉降等
附属设施		防鸟 / 防雷装置、标识牌、各种监测装置等损坏、变形、松脱等
线路通道		超高树竹、违章建筑、施工作业、沿线交跨、地质灾害

3.3.6.2　拍摄原则

小型多旋翼无人机巡检应根据输电设备结构选择合适的拍摄位置,固化作业点位,并建立巡检作业航线库。航线库内容应包含线路名称、杆塔号、杆塔类型、线路排布形式、杆塔地理坐标、作业点位置描述及拍摄参数等信息。

3.3.6.3　典型塔型巡检路径、拍摄方法及注意事项

以下总结了 6 种典型塔型的路径规划与拍摄方法,其他塔型可根据拍摄原则参考。

1. 交流单回耐张塔

(1)巡检轨迹:"S"形。

交流单回耐张塔在 500 kV、220 kV 线路中较为常见,以面向大号侧为准定义左、中、右线,通常情况下左相、右相的跳线处只有一串悬垂绝缘子,而中相跳线处有两串悬垂绝缘子。为减少无人机穿梭左右两相次数,提升无人机飞行安全性,制定巡检策略时需尽可能多地在杆塔一侧连续拍摄照片。经实践发现,选择没有双跳串的一侧作为起始侧,沿"S"形轨迹开展巡检拍摄的连续性最好,轨迹如图 3.52 所示。

(2)拍摄重点:

①耐张绝缘子导线侧挂点的屏蔽环、螺母、销子;

②悬垂绝缘子跳线处螺母、销子以及重锤处的螺母、销子;

③地线挂点螺母、销子、船体、放电间隙。

(3)注意事项:

①观察杆塔中相悬垂绝缘子串安装方式,根据不同塔型确定起始拍摄点位;

②中线大小号侧耐张绝缘子杆塔侧挂点位于杆塔中间位置,四周活动空间较小,容易发生撞塔炸机事故,此处应于空间较大的位置小心操作无人机进行作业;

图 3.52　交流单回耐张巡检轨迹

③应用"S"形轨迹拍摄有利于避免少拍漏拍的情况,但飞机横向移动时易出现视觉盲区,应提高警惕。

（4）详细拍摄点位名称及顺序见表 3.6。

表 3.6　交流单回耐张塔拍摄点位名称及顺序

交流单回耐张塔拍摄点位			
1	右相小号侧耐张绝缘子导线侧挂点	10	中相大号侧耐张绝缘子横担侧 1 挂点
2	右相小号侧耐张绝缘子横担侧 1 挂点	11	中相大号侧耐张绝缘子横担侧 2 挂点
3	右相小号侧耐张绝缘子横担侧 2 挂点	12	中相小号侧耐张绝缘子横担侧 1 挂点
4	右相悬垂绝缘子横担侧挂点	13	中相小号侧耐张绝缘子横担侧 2 挂点
5	右相悬垂绝缘子导线侧挂点	14	中相小号侧耐张缘子导线侧挂点
6	右相大号侧耐张绝缘子横担侧 1 挂点	15	右相小号侧地线挂点
7	右相大号侧耐张绝缘子横担侧 2 挂点	16	右相大号侧地线挂点
8	右相大号侧耐张绝缘子导线侧挂点	17	左相大号侧地线挂点
9	中相大号侧耐张绝缘子导线侧挂点	18	左相小号侧地线挂点

交流单回耐张塔拍摄点位			
19	中相小号侧悬垂绝缘子横担侧挂点	26	左相悬垂绝缘子横担侧挂点
20	中相大号侧悬垂绝缘子横担侧挂点	27	左相悬垂绝缘子导线侧挂点
21	中相大号侧悬垂绝缘子导线侧挂点	28	左相大号侧耐张绝缘子横担侧1挂点
22	中相小号侧悬垂绝缘子导线侧挂点	29	左相大号侧耐张绝缘子横担侧2挂点
23	左相小号侧耐张绝缘子导线侧挂点	30	左相大号侧耐张绝缘子导线侧挂点
24	左相小号侧耐张绝缘子横担侧1挂点	31	基础
25	左相小号侧耐张绝缘子横担侧2挂点		

2. 交流单回直线塔

（1）巡检轨迹："双半圆"形。

交流单回直线塔在 500 kV、220 kV 线路中较为常见，以面向大号侧为准定义左、中、右线。由于这类杆塔金具安装方式并不复杂，数量也相对较少，所以全塔仅需拍摄 9 张照片即可实现金具全部覆盖。根据路程最短、时间最省原则，起始拍摄点位宜选择左线或右线。以右线为例，拍摄顺序为右相导线、右侧地线、中相导线、左侧地线、左侧导线，简称"双半圆"形巡检轨迹，如图 3.53 所示。

图 3.53　交流单回直线塔巡检轨迹

（2）拍摄重点：

①导线侧挂点的船体弹簧垫片、螺母销子、导线铝包带；

②地线船体的螺母销子以及放电间隙。

（3）注意事项：

① 交流单回直线塔导线侧挂点、杆塔侧挂点处的销子穿向多为垂直线路走向安装，所以拍照时相机应正对地线挂点拍摄；

②中线悬垂绝缘子位于杆塔中心，四周活动空间小，容易发生撞塔、撞线等炸机事故，此处应小心操控无人机于杆塔侧面进行作业，无人机若有上方避障功能应及时开启；

③该类塔型挂点金具相对较小，为达到最佳巡检效果，应在保证安全前提下适当靠近拍摄。

（4）详细拍摄点位名称及顺序见表 3.7。

表 3.7　交流单回直线塔拍摄点位名称及顺序

交流单回直线塔拍摄点位	
1	右相悬垂绝缘子导线侧挂点
2	右相悬垂绝缘子横担侧挂点
3	右相地线挂点
4	中相悬垂绝缘子横担侧挂点
5	中相悬垂绝缘子导线侧挂点
6	左相悬垂绝缘子导线侧挂点
7	左相悬垂绝缘子横担侧挂点
8	左相地线挂点
9	基础

3. 交流双回耐张塔

（1）巡检轨迹：双"M"形。

交流双回耐张塔在 1 000 kV 特高压线路中十分常见，以面向大号侧为准定义 I、II 线。以 I 线为例，由于垂直方向上无人机操作灵活，巡检更加迅速，且金具安装在大小号侧具有对称性，所以巡检轨迹选择上、下、上、下方式，形状类似"M"。因此，I、II 线型巡检线路合成为双"M"形，如图 3.54 所示。

（2）拍摄重点：

①耐张绝缘子导线侧挂点、杆塔侧挂点的螺母销子；

②悬垂绝缘子导线侧挂点、螺母销子以及重锤处螺母销子；

图 3.54　交流双回耐张塔巡检轨迹

③地线悬垂线夹以及放电间隙。

（3）注意事项：

①杆塔地线横担较长，从上相到地线挂点转移过程应时刻注意上方横担，避免发生撞塔炸机事故；

②下相、中相耐张绝缘子横担侧挂点距离中相、上相导线的跳线串距离较短，拍摄横担侧照片时应注意上方障碍物。

（4）详细拍摄点位名称及顺序见表 3.8。

表 3.8　交流双回耐张塔拍摄点位

	I 线		II 线
1	I 线下相大号侧耐张绝缘子导线侧挂点	27	II 线下相小号侧耐张绝缘子导线侧挂点
2	I 线中相大号侧耐张绝缘子导线侧挂点	28	II 线中相小号侧耐张绝缘子导线侧挂点
3	I 线上相大号侧耐张绝缘子导线侧挂点	29	II 线上相小号侧耐张绝缘子导线侧挂点
4	I 线地线大号侧挂点	30	II 线光缆小号侧挂点
5	I 线上相大号侧耐张绝缘子横担侧挂点	31	II 线上相小号侧耐张绝缘子横担侧挂点
6	I 线上相大号侧悬垂绝缘子横担侧挂点	32	II 线上相小号侧悬垂绝缘子横担侧挂点
7	I 线上相大号侧悬垂绝缘子导线侧挂点	33	II 线上相小号侧悬垂绝缘子导线侧挂点
8	I 线中相大号侧耐张绝缘子横担侧挂点	34	II 线中相小号侧耐张绝缘子横担侧挂点

	I 线		II 线
9	I 线中相大号侧悬垂绝缘子横担侧挂点	35	II 线中相小号侧悬垂绝缘子横担侧挂点
10	I 线中相大号侧悬垂绝缘子导线侧挂点	36	II 线中相小号侧悬垂绝缘子导线侧挂点
11	I 线下相大号侧耐张绝缘子横担侧挂点	37	II 线下相小号侧耐张绝缘子横担侧挂点
12	I 线下相大号侧悬垂绝缘子横担侧挂点	38	II 线下相小号侧悬垂绝缘子横担侧挂点
13	I 线下相大号侧悬垂绝缘子导线侧挂点	39	II 线下相小号侧悬垂绝缘子导线侧挂点
14	I 线下相小号侧悬垂绝缘子导线侧挂点	40	II 线下相大号侧悬垂绝缘子导线侧挂点
15	I 线下相小号侧悬垂绝缘子横担侧挂点	41	II 线下相大号侧悬垂绝缘子横担侧挂点
16	I 线下相小号侧耐张绝缘子横担侧挂点	42	II 线下相大号侧耐张绝缘子横担侧挂点
17	I 线中相小号侧悬垂绝缘子导线侧挂点	43	II 线中相大号侧悬垂绝缘子导线侧挂点
18	I 线中相小号侧悬垂绝缘子横担侧挂点	44	II 线中相大号侧悬垂绝缘子横担侧挂点
19	I 线中相小号侧耐张绝缘子横担侧挂点	45	II 线中相大号侧耐张绝缘子横担侧挂点
20	I 线上相小号侧悬垂绝缘子导线侧挂点	46	II 线上相大号侧悬垂绝缘子导线侧挂点
21	I 线上相小号侧悬垂绝缘子横担侧挂点	47	II 线上相大号侧悬垂绝缘子横担侧挂点
22	I 线上相小号侧耐张绝缘子横担侧挂点	48	II 线上相大号侧耐张绝缘子横担侧挂点
23	I 线地线小号侧挂点	49	II 线光缆大号侧挂点
24	I 线上相小号侧耐张绝缘子导线侧挂点	50	II 线上相大号侧耐张绝缘子导线侧挂点
25	I 线中相小号侧耐张绝缘子导线侧挂点	51	II 线中相大号侧耐张绝缘子导线侧挂点
26	I 线下相小号侧耐张绝缘子导线侧挂点	52	II 线下相大号侧耐张绝缘子导线侧挂点
		53	基础

4. 交流双回直线塔

（1）巡检轨迹：双"倒 U"形。

交流双回直线塔在 1 000 kV、500 kV 线路中十分常见，以面向大号侧为准定义 I、II 线。以 II 线为例，同样为了操作简便，节省巡检时间，直线塔与耐张塔巡检策略类似，也采用直上直下巡检轨迹，每一侧轨迹形似"倒 U"，两侧合成双"倒 U"形，如图 3.55 所示。

（2）拍摄重点：

①悬垂绝缘子导线侧挂点蝴蝶板、船体螺栓垫片、螺母销子；

②悬垂绝缘子横担侧挂点螺母销子、横担上方驱鸟器。

（3）注意事项：

①部分 500 kV 塔型中，在竖直方向上中相线路较上相和下相更加靠外，无人机在上升下降过程中应注意躲避；

②正式巡检前应观察悬垂绝缘子横担侧挂点销子穿向，以制定对应的巡检策略，通常情况下销子穿向面朝大号侧，所以绝缘子杆塔侧挂点仅需拍摄一张照片；

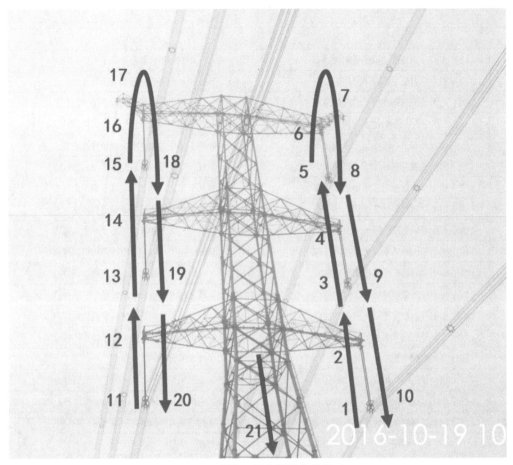

图 3.55   交流双回直线塔巡检轨迹

③上横担较中横担、下横担更长,拍摄完上横担绝缘子串挂点后,拍摄地线挂点时应关注飞机与上横担相对位置,避免上升过程中触碰杆塔。

（4）详细拍摄点位名称及顺序见表3.9。

表 3.9   交流双回直线塔拍摄点位名称及顺序

交流双回直线塔拍摄点位			
	Ⅱ线		Ⅰ线
1	Ⅱ线下相大号侧悬垂绝缘子导线侧挂点	11	Ⅰ线下相大号侧悬垂绝缘子导线侧挂点
2	Ⅱ线下相大号侧悬垂绝缘子横担侧挂点	12	Ⅰ线下相大号侧悬垂绝缘子横担侧挂点
3	Ⅱ线中相大号侧悬垂绝缘子导线侧挂点	13	Ⅰ线中相大号侧悬垂绝缘子导线侧挂点
4	Ⅱ线中相大号侧悬垂绝缘子横担侧挂点	14	Ⅰ线中相大号侧悬垂绝缘子横担侧挂点
5	Ⅱ线上相大号侧悬垂绝缘子导线侧挂点	15	Ⅰ线上相大号侧悬垂绝缘子导线侧挂点
6	Ⅱ线上相大号侧悬垂绝缘子横担侧挂点	16	Ⅰ线上相大号侧悬垂绝缘子横担侧挂点
7	Ⅱ线地线挂点	17	Ⅰ线光缆挂点
8	Ⅱ线上相小号侧悬垂绝缘子导线侧挂点	18	Ⅰ线上相小号侧悬垂绝缘子导线侧挂点

续表

交流双回直线塔拍摄点位			
Ⅱ线		Ⅰ线	
9	Ⅱ线中相小号侧悬垂绝缘子导线侧挂点	19	Ⅰ线中相小号侧悬垂绝缘子导线侧挂点
10	Ⅱ线下相小号侧悬垂绝缘子导线侧挂点	20	Ⅰ线下相小号侧悬垂绝缘子导线侧挂点
		21	基础

5. 直流双极耐张塔

（1）巡检轨迹：双"帽子"形。

目前接触的直流塔全部为 ±800 kV 特高压塔，尝试发现，无人机巡检路线遵循先水平横向移动后竖直纵向移动时，巡检效率最高。单侧巡检轨迹形似一个帽子，两侧合成双"帽子"形，如图 3.56 所示。

图 3.56　直流双极耐张塔巡检轨迹

（2）拍摄重点：

①耐张绝缘子导线侧挂点屏蔽环、连接板处螺母销子；

②耐张绝缘子横担侧调节板与连板处螺母销子。

（3）注意事项：

①直流杆塔两极之间为恒定磁场，对无人机磁罗盘干扰较大，尤其在耐张绝缘子横担侧附近，容易从 GPS 模式转为姿态模式，此时应时刻注意无人机姿态变化，小心操作；

②该杆塔跳线采用"V"串悬垂绝缘子悬挂，"V"串内支位于横担与塔身交界正下方，四周空间小，此处飞行应时刻注意上方塔材，避免发生撞塔炸机事故；

③耐张绝缘子导线侧挂点金具体积较大，一张照片难以涵盖全部金具，通常在屏蔽环和连板处各拍摄一张；

④耐张绝缘子横担侧挂点销子较多，应俯视、仰视各拍摄一张。

（4）详细拍摄点位名称及顺序见表 3.10。

表 3.10　直流双极耐张塔拍摄点位名称及顺序

直流双极耐张塔拍摄点位			
	Ⅰ线		Ⅱ线
1	Ⅰ线大号侧耐张绝缘子导线侧挂点 1	18	Ⅱ线小号侧耐张绝缘子导线侧挂点 1
2	Ⅰ线大号侧耐张绝缘子导线侧挂点 2	19	Ⅱ线小号侧耐张绝缘子导线侧挂点 2
3	Ⅰ线大号侧跳线串导线侧挂点	20	Ⅱ线小号侧跳线串导线侧挂点
4	Ⅰ线大号侧外支跳线串横担侧挂点	21	Ⅱ线小号侧外支跳线串横担侧挂点
5	Ⅰ线大号侧耐张绝缘子横担侧挂点 1	22	Ⅱ线小号侧耐张绝缘子横担侧挂点 1
6	Ⅰ线大号侧耐张绝缘子横担侧挂点 2	23	Ⅱ线小号侧耐张绝缘子横担侧挂点 2
7	Ⅰ线大号侧内支跳线串横担侧挂点	24	Ⅱ线小号侧内支跳线串横担侧挂点
8	Ⅰ线地线内侧挂点	25	Ⅱ线地线内侧挂点
9	Ⅰ线大号侧地线外侧挂点	26	Ⅱ线小号侧地线外侧挂点
10	Ⅰ线小号侧地线外侧挂点	27	Ⅱ线大号侧地线外侧挂点
11	Ⅰ线小号侧内支跳线串横担侧挂点	28	Ⅱ线大号侧内支跳线串横担侧挂点
12	Ⅰ线小号侧耐张绝缘子横担侧挂点 1	29	Ⅱ线大号侧耐张绝缘子横担侧挂点 1
13	Ⅰ线小号侧耐张绝缘子横担侧挂点 2	30	Ⅱ线大号侧耐张绝缘子横担侧挂点 2
14	Ⅰ线小号侧外支跳线串横担侧挂点	31	Ⅱ线大号侧外支跳线串横担侧挂点
15	Ⅰ线小号侧跳线串导线侧挂点	32	Ⅱ线大号侧跳线串导线侧挂点
16	Ⅰ线小号侧耐张绝缘子导线侧挂点 1	33	Ⅱ线大号侧耐张绝缘子导线侧挂点 1
17	Ⅰ线小号侧耐张绝缘子导线侧挂点 2	34	Ⅱ线大号侧耐张绝缘子导线侧挂点 2
		35	基础

6. 直流双极直线塔

（1）巡检轨迹："爱心"形。

直流双极直线塔目前仍仅见于 ±800 kV 特高压线路。相比于耐张塔，直流直线塔金具数量少，拍摄照片数量显著减少。由于Ⅰ线、Ⅱ线金具安装方式具有对称性，所以均可作为起始拍摄点,通常以右线作为起始拍摄点,飞行轨迹形似爱心,因此称为"爱心"形巡检路线,如图 3.57 所示。

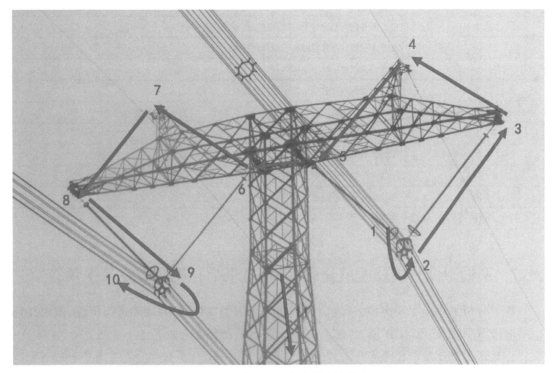

图 3.57 直流双极直线塔巡检轨迹

（2）拍摄重点：

①悬垂绝缘子导线侧挂点蝴蝶板螺母销子、船体螺母垫片；

②悬垂绝缘子横担侧内支挂点螺母销子；

③地线挂点船体螺母螺栓垫片、连板销子。

（3）注意事项：

①特高压直流杆塔两线间磁场较强,无人机磁罗盘易受干扰,在拍摄"V"型悬垂绝缘子串位于两线间的内支时,注意观察无人机与周围塔材相对位置,避免发生撞塔炸机事故；

②悬垂绝缘子导线侧挂点屏蔽环和蝴蝶板较大,拍摄时应调整好拍摄距离和角度,确保照片覆盖全部金具；

③V 型悬垂绝缘子外支横担侧挂点销子穿向朝大号侧,拍摄时应在大号侧拍摄；

④通常把悬垂绝缘子导线侧挂点小号侧作为起始拍摄点,这样拍摄第 2 张导线侧挂点大号侧和第 3 张横担侧挂点大号侧时可以减少无人机巡检距离,节省拍摄时间。

（4）详细拍摄点位名称及顺序见表 3.11。

表 3.11　直流双极直线塔拍摄点位名称及顺序

	直流双极直线塔拍摄点位
1	Ⅱ线小号侧悬垂绝缘子导线侧挂点
2	Ⅱ线大号侧悬垂绝缘子导线侧挂点
3	Ⅱ线大号侧外支悬垂绝缘子横担侧挂点
4	Ⅱ线地线挂点
5	Ⅱ线大号侧内支悬垂绝缘子横担侧挂点
6	Ⅰ线大号侧内支悬垂绝缘子横担侧挂点
7	Ⅰ线地线挂点
8	Ⅰ线大号侧外支悬垂绝缘子横担侧挂点
9	Ⅰ线大号侧悬垂绝缘子导线侧挂点
10	Ⅰ线小号侧悬垂绝缘子导线侧挂点
11	塔基础

3.3.7　巡检影像分析及规范化命名（可在书后扫码获取此节视频教学）

影像分析工作应尽快完成,发现缺陷后应编辑影像,对其中的缺陷进行标注,使用红色矩形框进行圈注,红色 RGB 值为(255,0,0)。图像重命名规范如下。

1. 原始图像数据命名规范:

1)直线塔图像命名规范

　　　　交流 / 直流 + 电压等级 + 线路名称 + 杆塔号 + 相位 + 部位

或

　　　　交流 / 直流 + 电压等级 + 线路名称 + 杆塔 +（左、中、右）相或（上、中、下）相 + 部位

注意:电压等级单位为"千伏",而非"kV";线路名称以"线"结尾;杆塔号以"# 塔"结尾。

例如:交流 500 千伏北丽一线 0010# 塔 A 相悬垂绝缘子到导线端挂点,或交流 500 千伏北丽一线 0010# 塔左相导线端挂点。

2)耐张塔图像命名规范

　　　　交流 / 直流 + 电压等级 + 线路名称 + 杆塔号 + 相位 + 大号侧（或小号侧）+ 部位

或

　　　　交流 / 直流 + 电压等级 + 线路名称 + 杆塔 +（左、中、右）侧或（上、中、下）
　　　　　　大号侧（或小号侧）+ 部位

注意:电压等级单位为"千伏",而非"kV";线路名称以"线"结尾;杆塔号以"# 塔"结尾。

例如:交流 500 千伏北丽一线 0010# 塔 A 相大号侧耐张绝缘子导线端挂点,或交流 500 千伏北丽一线 0010# 塔左相大号侧耐张绝缘子导线端挂点。

3. 状态照片命名规范

交流 / 直流 + 电压等级 + 线路 + 杆塔 + 状态照片(整体、塔头、左(右)侧导地线金具)

注意：电压等级单位为 "千伏"，而非 "kV"；线路名称以 "线" 结尾；杆塔号以 "# 塔" 结尾。

例如：交流 500 千伏北丽一线 0010# 塔左相悬垂绝缘子。

4. 缺陷图像数据命名规则

原始图像数据命名 + 缺陷

例如：交流 500 千伏北丽一线 0010# 塔 A 相第 5 片绝缘子自爆，或交流 500 千伏北丽一线 0010# 塔 A 相大号侧第 5 片绝缘子自爆。

3.4　无人机特殊作业方法

3.4.1　无人机杆塔自主精细化巡检(可在书后扫码获取此节视频教学)

随着无人机技术的发展和进步，在电力行业利用无人机进行巡检作业早已不是新闻。虽然无人机巡检效率比人工作业效率提高了数倍，但随着无人机任务量增多，传统的作业方式需要更多的操控手参与，作业自动化程度亟须提高。

3.4.1.1　RTK 定位技术介绍

实时动态(Real Time Kinematic，RTK)测量系统是 GPS 测时技术与数据传输技术相结合而构成的组合系统。它是 GPS 测量技术发展中的一个新的突破。

RTK 技术是以载波相位观测量为根据的实时差分 GPS(RTK GPS)测量技术。实时动态测量的基本思想是在基准站上安置一台 GPS 接收机，对所有可见 GPS 卫星进行连续观测，并将其观测数据通过无线电传输设备，实时地发送给用户观测站。在用户站上，GPS 接收机在接收卫星信号的同时，通过无线电接收设备接收基准站传输的观测数据，然后根据相对定位的原理，实时地计算并显示用户站的三维坐标及其精度。RTK 测量系统的开发成功，为 GPS 测量工作的可靠性和高效率提供了保障，这对 GPS 测量技术的发展和普及具有重要意义。

网络 RTK 技术的出现则将 RTK 技术推向了一个更完美的地步，它是在常规 RTK 和差分 GPS 的基础上建立起来的一种新技术，它使用基准站网以及数据处理和通信网络来进行一个地区的高精度定位，使精度和可靠性都有了大的提高，而且建立 GPS 网络的成本降低了很多，可以说网络 RTK 技术代表了 GPS 的一个重要发展方向。

3.4.1.2　RTK 定位无人机巡检系统

精灵 Phantom 4 RTK 是大疆发布的一款小型多旋翼高精度航测无人机，面向低空摄影测量应用，具备厘米级导航定位系统和高性能成像系统，便携易用。精灵 Phantom 4 RTK 集成全新 RTK 模块，拥有更强大的抗磁干扰能力与精准定位能力，提供实时厘米级定位数据，显著提升了图像元数据的绝对精度。飞行器持续记录卫星原始观测值、相机曝光文件等数据。定位系统支持连接 D-RTK 2 高精度 GNSS 移动站,并可通过 4G 无线网卡或 WIFI 热点与 NTRIP 连接,提供网络 RTK 定位功能。

3.4.1.3　自主精细化巡检作业演示

1. 学习模式

精细巡视分为学习模式和巡检模式(图 3.58),学习模式可记录无人机拍照位置,记录下来的信息将会在巡检模式中作为飞行依据,巡检模式可以按照学习模式记录下来的信息进行自动化的飞行。由于杆塔的精细化巡视对巡视人员的操作要求高,因此为了确保每个巡视人员能够安全操作无人机进行精细化巡视,可以在学习模式下由有经验的巡视人员先控制无人机进行巡视,完成之后,其他的巡视人员都可以在巡检模式下按照学习模式记录的轨迹和拍照位置进行自动化巡检。

图 3.58　精细巡视选择界面

点击 ⊕ 图标,选择线路点击导入杆塔的 KML 文件到地图上,如图 3.59 和图 3.60 所示。然后长按杆塔图标会弹出杆塔详情窗口,有一键导航、更新坐标、开始学习三个选项(图 3.61),点击"一键导航",输入高度确定后,无人机便会自动飞到选定的杆塔上空,若 KML 文件显示的杆塔坐标有误差,可以手动调整无人机到杆塔正上方,然后点击"更新坐标"进行修改。点击"开始学习"后,APP 开始记录无人机拍照位置,记录下来的信息将会在巡检模式中作为飞行依据,拍照完成后点击右下角"结束学习"即完成学习任务,学习完成后的杆塔图标会显示不同的颜色用以区分,如图 3.62 所示。

图 3.59 选择 KML 文件

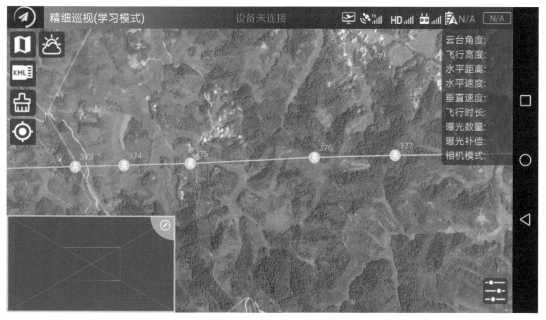

图 3.60 导入 KML 文件

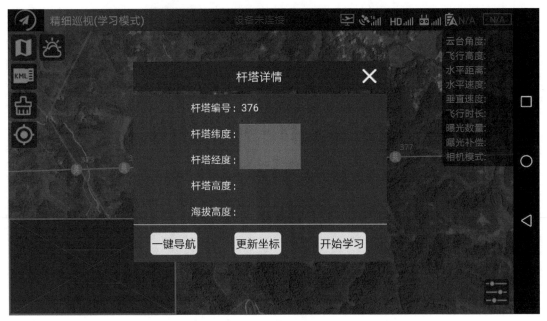

图 3.61 　杆塔详情窗口

图 3.62 　记录无人机拍照位置

2. 巡检模式

选择巡检模式,调整好飞行高度,此飞行高度为起飞后飞往杆塔及执行完一基杆塔飞往下一基杆塔的高度,若所选杆塔在学习时的高度高过此飞行高度则以高的优先使用,如图 3.63 所示。

图 3.63　巡检模式飞行高度调整

导入线路 KML 文件,点击  图标,选择已学习过的杆塔,点击"确定"后即可开始任务,无人机会飞到学习时记录的拍摄位置进行拍照,如图 3.64 所示。

图 3.64　选择已学习杆塔开始任务

3.4.2　倾斜摄影（可在书后扫码获取此节视频教学）

无人机倾斜摄影技术，就是在无人机上搭载高清摄像头，从垂直、倾斜等不同角度采集影像，通过对倾斜影像进行数据处理并整合其地理信息，输出正射影像、地形图、三维模型等。

无人机倾斜摄影测量以无人机为飞行平台，搭载一个或多个倾斜摄影系统（数码相机）以获取多角度、多重叠度的地面多视影像，通过后期处理，建立地表三维模型与相关数字产品。相比于垂直摄影测量，倾斜摄影测量更具优势。近年来，由于无人机技术与数码成像技术的成熟，基于计算机的图像高速匹配运算的实现以及各行业的需求等因素使得倾斜摄影测量快速发展。小型消费级无人机通过单镜头特定航线获取的倾斜影像同样能被主流的三维建模软件 ContextCapture、Pix4DMapper 等识别，三维建模完成后，亦可使用 EPS、DP-Modeler 等软件进行后期精细化建模及矢量提取。

3.4.2.1　五向倾斜摄影

在使用倾斜摄影时点击 🔲 图标进行航线规划，倾斜摄影需要进行 5 个架次的拍摄，每一个架次的飞行起点和航线有所不同，除第一个架次相机镜头为垂直向下拍摄外，其余 4 个架次皆按设置的倾斜角度拍摄。

第一架次：任务起点不变，如图 3.65 所示。

图 3.65　第一架次任务起点不变

在倾斜摄影航飞参数设置页面可对云台的倾斜角度进行设置，建议使用 30°~40°，也可根据需求自行调整，如图 3.66 所示。

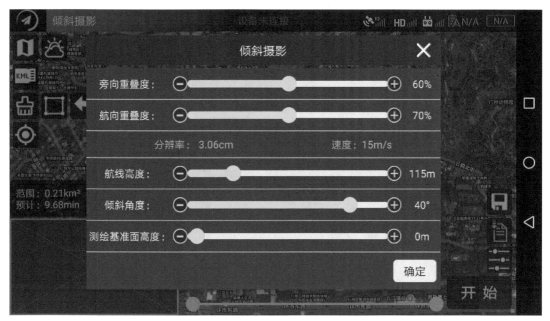

图 3.66　倾斜摄影倾斜角度设置

第二架次：飞行方向外侧为任务起点，如图 3.67 所示。

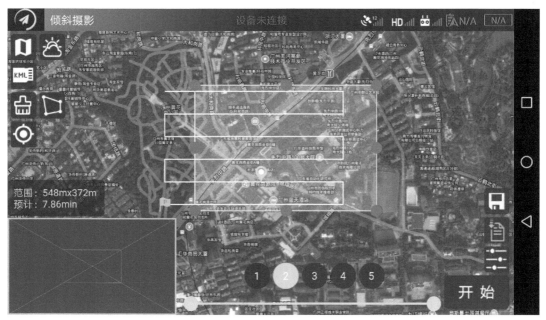

图 3.67　第二架次任务航线

第三架次：飞行方向内侧为任务起点，如图 3.68 所示。

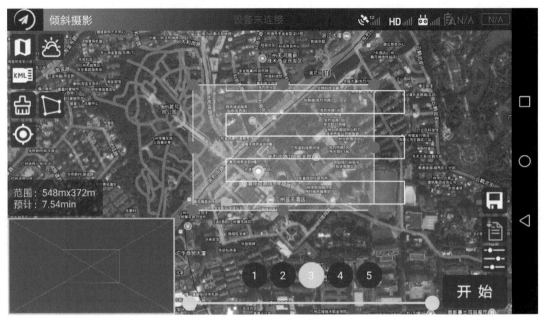

图 3.68　第三架次任务航线

第四架次：航线旋转飞行方向外侧为任务起点，如图 3.69 所示。

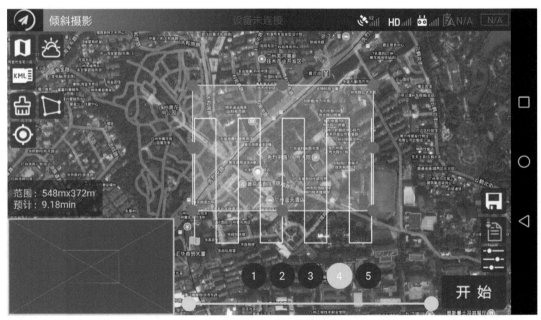

图 3.69　第四架次任务航线

第五架次：飞行方向内侧为任务起点，如图 3.70 所示。

图 3.70　第五架次任务航线

也可以使用多边形进行倾斜摄影的拍摄,如图 3.71 所示。

图 3.71　利用多边形进行倾斜摄影

3.4.2.2　带状倾斜摄影

在使用带状倾斜摄影时点击 图标进行航线规划,通过点击地图上需要拍摄的区域来规划航线(图 3.72)。带状倾斜摄影除第一架次相机镜头为垂直向下拍摄外,其余 4 个架次皆按设置的倾斜角度拍摄,第二、三、四和五架次飞行过程中无人机机身会向航带方向以45°角倾斜飞行。

图 3.72　带状倾斜摄影航线规划

第一架次,如图 3.73 所示。

图 3.73　第一架次

带状倾斜航飞参数设置,如图 3.74 所示。

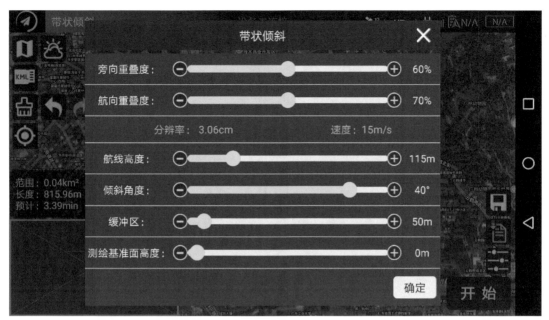

图 3.74　带状倾斜航飞参数设置

第二架次,如图 3.75 所示。

图 3.75　第二架次

第三架次,如图 3.76 所示。

图 3.76　第三架次

第四架次，如图 3.77 所示。

图 3.77　第四架次

第五架次，如图 3.78 所示。

图 3.78　第五架次

3.4.3　正射影像作业

3.4.3.1　正射影像作业简介

　　无人机航拍相对于传统航拍具有机动灵活、环境适应性强、作业成本低的优势,能快速准确获取飞行困难地区的高分辨率影像,已经成为航空摄影测量的重要手段之一。无人机影像不仅能克服传统遥感手段在多云雾地区难以获取数据的缺陷,其获取的高分辨率数据具有更加明显的地物几何特征和纹理特征,包含更丰富的空间信息,从而能够更加容易地获取地物类别属性信息。

3.4.3.2　正射影像作业演示

1. 正射影像

　　在正射模式下相机镜头呈垂直向下的方式拍摄,经后期制作可得到正射影像图,点击航线规划 ▤ 图标,会自动弹出航线范围框即航飞覆盖区域,通过旋转、平移、缩放范围框来调整确定航飞覆盖区域,如图 3.79 所示。旋转:点击范围框内任意位置会出现白色点,按住并拖动即可旋转,再次点击范围框白色点消失。平移:按住范围框任意部分 1 s 即可移动整体范围框。缩放:通过手指触摸并按住 ⬭ 标志拖动即可调整范围框大小。点击 🧹 图标可清除航线。

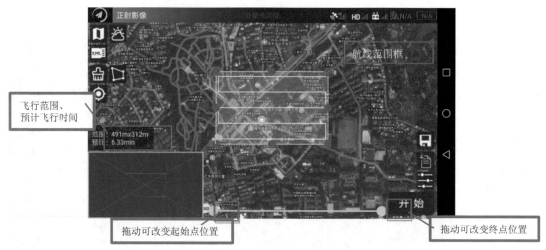

图 3.79　正射影像设置范围框

点击 图标可以进行多边形航线的规划,拖动 、 标志可调整范围框形状,点击 图标可返回之前的动作,点击 图标返回矩形航线规划,如图 3.80 所示。

图 3.80　正射影像操作设置

为保障飞行安全,减弱飞机特性和电池寿命等对飞行作业的影响,特设置了安全飞行时间阈值,拖动航线范围框时,在预计时间超过一定范围时航线范围框会变为黄色(图 3.81),此时提醒飞行人员注意飞行时间。

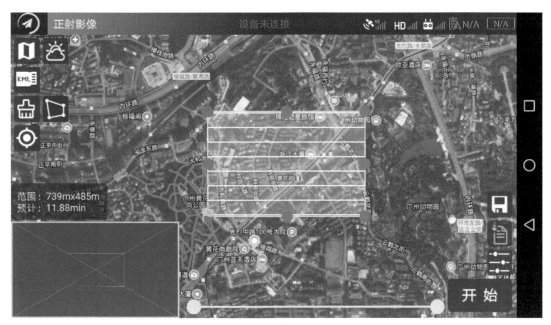

图 3.81 航线范围框为黄色

当航线范围框变为红色（图 3.82），此时提醒飞行人员电池电量无法完成此次任务，且无法执行本次任务。

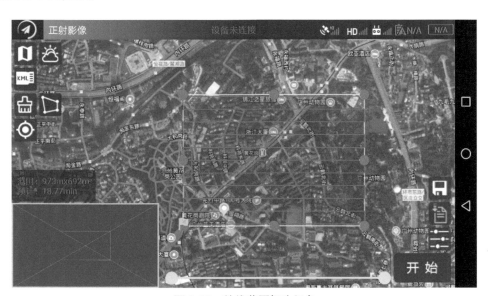

图 3.82 航线范围框为红色

点击 图标可对航飞参数进行设置，正射影像模式的默认参数设置如图 3.83 所示，可通过按住 左右滑动进行调整，也可以通过点击 、 进行微调。

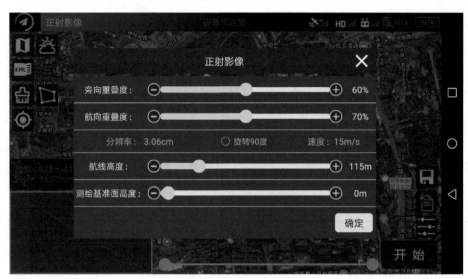

图 3.83　正射影像模式默认参数设置

旁向重叠度：飞机飞行时，沿两条相邻航线所拍摄的相邻的两张照片上相同的部分。

航向重叠度：飞机飞行时，沿同一条航线上所拍摄的相邻的两张照片上相同的部分。

航线高度：无人机相对起飞点的高度，可以拖动航线高度进度条进行设置，右边实时标示出高度数据，并在上方实时显示地面分辨率和飞行速度。

旋转90度：规划飞机航线时，默认以长边作为航线方向。如果选"旋转90度"，将以短边作为航线方向。

测绘基准面高度：大地基准面高度。

2. 带状正射

在使用带状正射模式时，点击 ▦ 图标进行航线规划（图 3.84），通过点击地图上需要拍摄的区域来规划航线（图 3.85），航线规划好后进入航飞参数设置页面设置飞行参数（图3.86）。

图 3.84　带状正射模式

图 3.85　带状正射规划航线

图 3.86　带状正射航飞参数设置

缓冲区：航线范围框的宽度，随着调整的数值变大，航线范围框的宽度也会变宽，当宽度达到一定程度时就会增加一条航线。

在任务区地形高差起伏较大时可选择可变航高，通过给每个航点设置不同的高度来使无人机进行变高飞行。勾选"可变航高"后会出现一个起降高度的滑动条，用于设置无人机从起飞点到任务第一个航点和任务结束后返航时的高度。例如起降航高处设置为 150 m，航线高度设置为 100 m，那么无人机起飞后会先升到 150 m 的高度飞到任务第一个航点，然后降落到100 m 的高度进行任务，任务结束后再升至 150 m 返航。一般这个功能主要是用来躲避起飞点至任务第一个航点之间的超高物体或起飞点至任务结束点之间的超高物体。参数设置完成后点击"确定"，在弹出的页面输入每个航点的高度点击"确定"即可，如图 3.87 和图 3.88 所示。

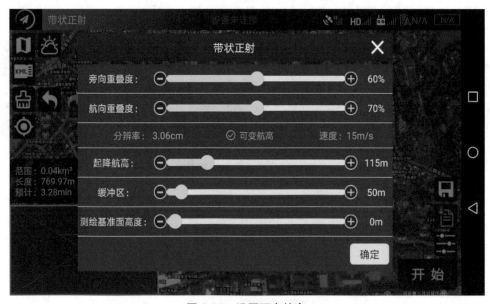

图 3.87　设置可变航高

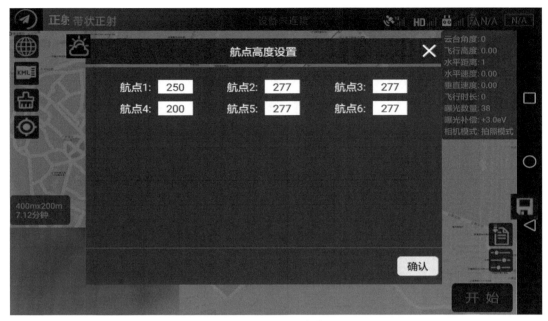

图 3.88　设置航点高度

3.4.4　激光雷达作业

3.4.4.1　激光雷达作业简介

随着输电高压等级的不断提高,输电线路巡线作业的安全、稳定、高效运行越来越重要。输电线路跨区域分布,点多面广,所处地形复杂,自然环境恶劣,输电线路设备长期暴露在野外,受到持续的机械张力、雷击闪络、材料老化、覆冰以及人为因素的影响而产生倒塔、断股、磨损、腐蚀、舞动等现象,这些情况必须及时得到修复或更换。传统的人工巡线方法不仅工作量大而且条件艰苦,特别是对山区和跨越大江大河的输电线路的巡查以及在冰灾、水灾、地震、滑坡、夜晚期间巡线检查,所花时间长、人力成本高、困难大,对于某些线路区域和某些巡检项目,人工巡查方法目前还难以完成。

基于轻型激光雷达系统的无人机输电线路运行环境监测系统是利用当今世界最先进的激光扫描技术、航空高精度测绘技术和先进无人机控制技术进行输电线路环境定量化测量和定性化分析预警的全新巡线系统,通过集成高精度、轻量化的激光雷达系统,并利用大载荷、长航时、垂直起降无人机系统,可实现长输线路的高精度通道测量、线路杆塔的塔倾和沉降检测、线路垂弧预警及线路周围树木、山体、地质灾害对线路的威胁预警,可有效做到定量检测、提前预防,避免输电线路故障的发生,为线路的安全运行保驾护航。

3.4.4.2　激光雷达作业演示

1. 资料准备

作业资料包括:项目涉及的杆塔信息、技术规范、系统参数、设备参数、气象条件、扫描日期等,具体如图 3.89 所示。

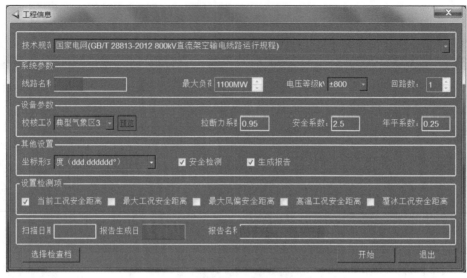

图 3.89　激光雷达作业资料准备

2. 数据处理

数据处理作业流程如图 3.90 所示。

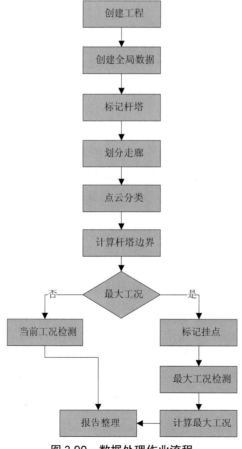

图 3.90　数据处理作业流程

3. 创建工程

（1）点击"文件"→"创建工程"，如图3.91所示。

图 3.91　选择"创建工程"

（2）选择存放工程的路径，输入文件名称，点击"保存"后完成工程创建，软件自动打开创建成功的工程列表。新创建的工程在存放路径下同名文件夹下保存。

4. 新建工程

选择新建工程 按钮，在弹出的对话框中选择数据保存目录，填写文件名称，点击"确认"后完成工程创建。

注：创建工程会自动生成与工程名称相同的文件夹，新创建的工程保存在该文件夹内。

5. 创建全局数据系统

（1）右键点击工程名称，在弹出的菜单中选择"创建全局数据"，如图3.92所示。

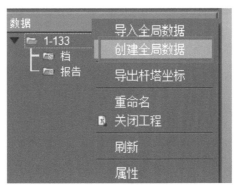

图 3.92　选择创建全局数据

（2）在"选择文件"选项板中勾选需处理的文件类型（las文件或文本文件），然后点击左下方的"选择文件"选定要处理的文件（选择文件建议控制在5GB以内数据量）。

（3）在"设定属性"选项板中，勾选"类别"后，创建的全局数据会导入las数据的类别，勾选"点云类别重定义"后会把导入的las数据类别转换为软件程序中的类别，如图3.93所示。

注意：如果需要加载的点云数据是未分类的 las 数据，不需要设定属性。

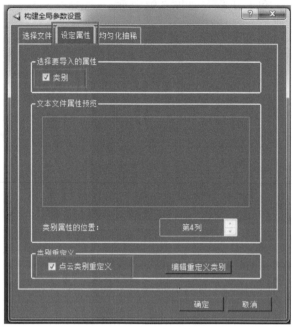

图 3.93　设定属性

（4）在"均匀化抽稀"选项卡中，可根据点云密度情况进行抽稀，无特殊要求时保留默认值即可，如图 3.94 所示。

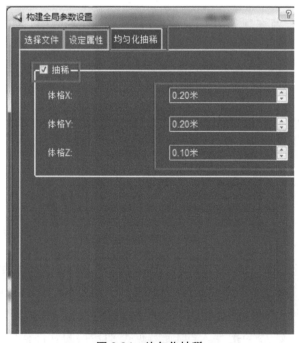

图 3.94　均匀化抽稀

（5）选定文件后直接点击"确定"，出现进度条，程序开始创建全局数据。

（6）全局数据创建完成后，软件给出提示框并自动打开全局数据，如图 3.95 所示。

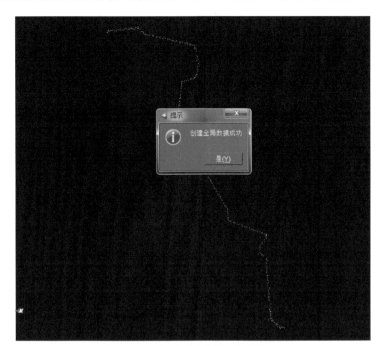

图 3.95　创建全局数据成功提示

6. 导入航迹数据

在工具界面中，右键点击新创建的工程名称，选择"导入数据"，在弹出的交互界面中选择数据目录，点击"确认"后完成航迹数据导入，如图 3.96 所示。

图 3.96　导入航迹数据

说明

（1）数据目录：定位到 *.laser 文件和 *.pos 文件上一级文件夹。

（2）解算配置：点击后弹出配置信息对话框，选择相应配置内容，点击"确认"后完成设置。

①去除太阳噪点：必选，太阳光晕角度默认为 15°。

②抽稀：根据点云数据情况进行选择、设置，数据中点位稀疏时慎重选择。

注：

（1）可分多次导入多个航迹数据，但只能对一组航迹数据进行解算；

（2）选择数据目录中存在多个 laser 文件时，只能导入一组 laser 数据。

7. 数据解算

按住 Shift 键,在工具界面中选择导入的航迹首尾点,选中后航迹显示为红色,点击"截取飞行数据"按钮  完成数据解算,同时完成全局数据创建。

注:工程中已经存在全局数据时,选择"导入数据"会提示"工程中已存在全局数据,要替换么?"但必须截取飞行数据后才会替换原有的全局数据。

8. 标记杆塔

1)杆塔类型简介

目前,数据处理中所用杆塔类型只包括直线塔 和耐张塔 两种。

直线塔:塔杆两侧电力线成直线直接连接,电力线之间没有悬垂导线,如图 3.97 和图 3.98 所示。

图 3.97　直线塔实物图

图 3.98　直线塔点云数据

耐张塔:多出现在电力线转弯位置,转弯前后的电力线之间由跳线连接,如图 3.99 和图 3.100 所示。

图 3.99 耐张塔实物图

图 3.100 耐张塔点云数据

2）杆塔编号对应关系

Ⅰ.las 文件提供了杆塔区间号

las 文件已经表明对应的杆塔区间，如"001#-050#"，在全局图中找到首尾耐张塔位置，根据首尾 1 到 2 个耐张段（两个耐张塔之间为一个耐张段）杆塔分布数量确认杆塔走向，同时确认杆塔编号。

Ⅱ.las 文件未提供杆塔区间号

在点云数据中找到多个耐张塔，通过每个耐张段的杆塔数量分布规律和客户提供的杆塔列表进行对照，从而找到对应的杆塔编号。

Ⅲ.已有杆塔坐标数据

在平台中选择 加载杆塔位置功能，在全局图中加载杆塔位置信息。可加载文件格式为 *.txt，记录内容为杆塔号＋坐标，如图 3.101 所示。

15	539624.6996	4378116.7546
16	540063.7108	4377952.3651
17	540354.2699	4377844.7397
18	540565.5856	4377867.6618
19	541141.3421	4377932.0009

图 3.101　杆塔坐标

3）标记方法

（1）着色方式选择"高程彩色"，便于查看线路及杆塔形状，如图 3.102 所示。

图 3.102　选择着色方式

（2）确认杆塔编号对应关系及杆塔走向后，放大点云数据找到全局图中一端的杆塔，根据杆塔、线路形状判断杆塔类型，选择对应的杆塔类型进行标注。

（3）项目打开后标记第一个杆塔，弹出"请输入杆塔编号"对话框，填写对应信息并确认后完成杆塔标记，之后再次标记的杆塔自动生成编号，如图 3.103 所示。

图 3.103　杆记杆塔

4）标记要求

（1）标记杆塔时要保证标记后显示的红点在杆塔的中心位置，标记框的两边和杆塔保持平行，覆盖全部干他位置，如图 3.104 和图 3.105 所示。

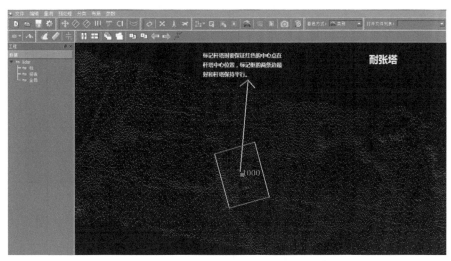

图 3.104　标记耐张塔

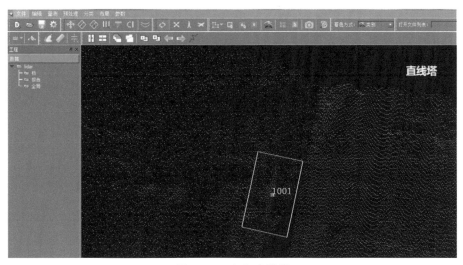

图 3.105　标记直线塔

（2）图 3.106 为标记后杆塔号的显示图，直线塔显示为粉色，耐张塔显示为绿色。

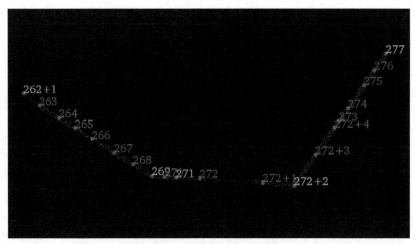

图 3.106　标记后杆塔号显示图

（3）加载杆塔坐标后显示效果如图 3.107 所示。

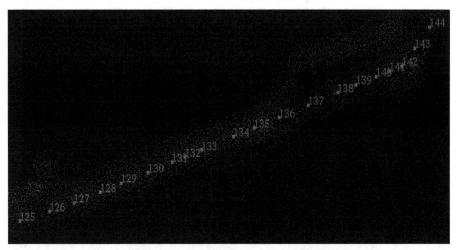

图 3.107　加载杆塔坐标后显示效果

9. 划分走廊

杆塔标记完成后即开始划分走廊,点击工具栏中"划分走廊"按钮，按弹出对话框步骤操作后完成走廊划分。

1）检查杆塔编号

选择升序 / 降序,杆塔编号存在前缀、后缀时,选中"前缀""后缀"并输入后点击"检测",检查分档列表中内容是否正确,存在错误时点击"关闭"返回全局图修改杆塔编号,检查完毕后点击"下一步"继续操作,如图 3.108 所示。

图 3.108　检查杆塔编号

2）浏览杆塔走向

杆塔编号检查完成后点击"下一步"，弹出"是否浏览杆塔（档）走向"提示框，选择"否"跳转到划档模式窗口，选择"是"弹出杆塔走向窗口，点击"开始划档"后弹出划档模式窗口，选择划档模式后点击"确定"开始划分档位。

（1）是否浏览杆塔走向窗口（不强制检查），如图 3.109 所示。

图 3.109　是否浏览杆塔走向窗口

（2）显示杆塔走向窗口，如图 3.110 所示。

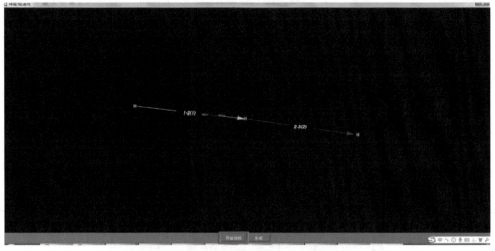

图 3.110　显示杆塔走向窗口

（3）划档模式窗口（根据实际情况选择划档模式），如图 3.111 所示。

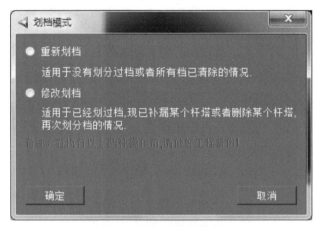

图 3.111　划档模式窗口

3）设定走廊宽度

划档模式选择完成并确认后，弹出"电力线走廊工程参数设置"窗口，电力线走廊宽度根据实际情况调整，原则上宽度要求覆盖电力线，一般保持默认值即可，如图 3.112 所示。

图 3.112　设置电力线走廊宽度

4）填写工程信息

（1）走廊宽度设置完成并确定后开始自动划分走廊,走廊划分完成后弹出"工程信息"窗口,如图 3.113 所示。

（2）工程信息内容根据客户提供的资料进行设置,"技术规范"根据"电压等级 kV"选择,检测项根据实际情况选择。

（3）设置完成后点击"确认"完成档位划分。

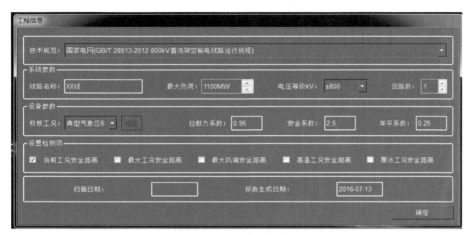

图 3.113　"工程信息"窗口

5）划分完成

划分走廊完成后"档"目录下出现档列表,如图 3.114 所示。

图 3.114　"档"目录下出现档列表

注意:工程信息必须正确,否则会影响报告正确性。

10. 点云分类

1)自动分类

(1)在拓维思平台选择"分类"后可选择自动分两类和自动分四类,根据实际情况填写设置信息后点击"确认"完成分类。

(2)在巡线鹰平台选择"自动分类"按钮，弹出对话框,根据实际情况填写设置信息后点击"确认"完成分类。

(3)自动分两类是使用原件将点云数据分为植被、绿地两类,效果如图 3.115 所示。

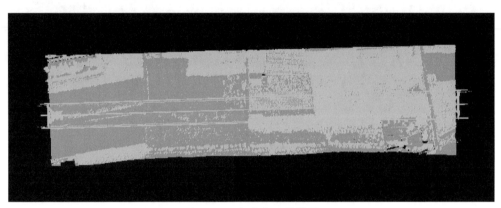

图 3.115　自动分两类效果

(4)自动分四类工具效果待验证。

2)手动分类

手动对点云数据进行详细分类,分类内容包括架空地线、导线、杆塔、电力线、公路、铁路、建筑物、其他、跳线、绝缘子标注。

Ⅰ. 分类判断

(1)架空地线:高压/超高压电力线,两塔杆之间最上层点云连线分类为架空地线,一般为两条点云连线,一般电力线没有架空地线,如图 3.116 红色部分所示。

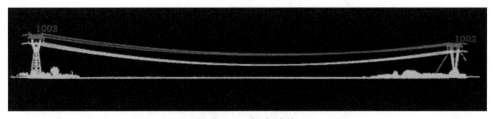

图 3.116　架空地线

(2)导线:

①根据作业对象标注导线信息,只有作业对象才能处理为导线,其他电线只能标注为电力线;

②作业对象为高压/超高压电线,两杆塔之间架空地线下方点云连线分类为导线,一般

存在多条点云连线,如图 3.117 红色部分所示;

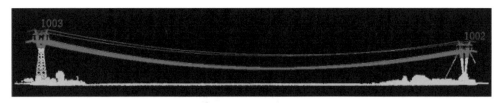

图 3.117 导线 1

③作业对象为一般电线,两杆塔之间连接的点云数据全部分类为导线,如图 3.118 红色部分所示。

图 3.118 导线 2

(3)杆塔:

①导线两端的支撑建筑,高压 / 超高压线路杆塔容易辨认和分类,一般线路杆塔需要仔细分辨;

②只针对作业对象进行杆塔分类,效果如图 3.119 蓝色部分所示。

图 3.119 杆塔

(4)电力线:

①除作业对象外全部电线数据分类为电力线;

②判断方式为连续线状架空点云数据,整体形状有规律,如图 3.120 红色部分所示。

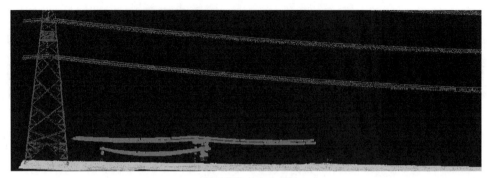

图 3.120　电力线

（5）公路:点云数据中有规律的平整部分,道路上可能存在车辆形状的点云数据,如图 3.121 红色位置所示。

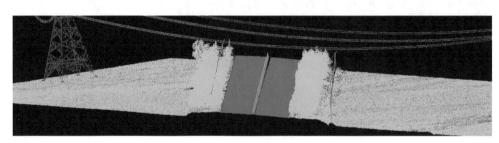

图 3.121　公路

（6）铁路:点云数据中有规律的较为平整部分,平视角度可以看到有明显下沉的路基部分,如图 3.122 红色位置所示。

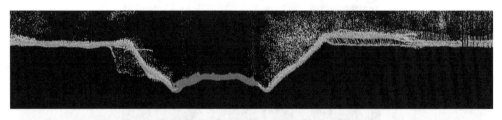

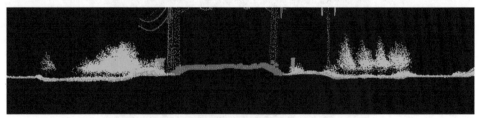

图 3.122　铁路

（6）建筑物:点云数据中明显的房屋等建筑信息,如图 3.123 红色部分所示。

图 3.123　建筑物

（7）跳线：特殊要求项目需要手动划分跳线属性，跳线主要出现在耐张塔上，连接耐张塔量测导线的穿挂线路，如图 3.124 红色部分所示。

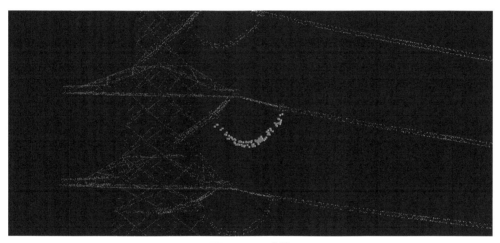

图 3.124　跳线

（8）绝缘子：特殊项目要求需要划分绝缘子类型，绝缘子是杆塔与导线之间的连接物，如图 3.125 中红框内部分及图 3.126 中红色部分所示。

图 3.125　绝缘子实物图

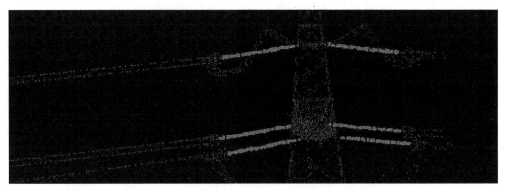

图 3.126　绝缘子点云数据

（9）其他：导线附近架空的广告牌、公路上的车辆等不属于以上分类，但是需要分类的数据，划分为其他属性。

Ⅱ. 分类方法

（1）使用选择工具选择点云数据，点击对应类型按钮完成数据分类。

（2）个别类型没有类型按钮时，选择点云数据后，使用"类转移"功能完成数据分类。

Ⅲ. 分类要求

（1）删除多余独立点及噪点，点云数据实地采集中会因为各种原因产生独立飞点或大量噪点，需要手动删除，以保证点云数据分类准确。

（2）点云分类必须保证完全正确，分类结果将直接影响最终检测报告的质量。

11. 计算杆塔边界

点云数据分类完成后，通过计算杆塔边界检查分类结果是否正确，具体操作为依次点击参数→计算线路参数→计算杆塔边界，如图 3.127 所示。

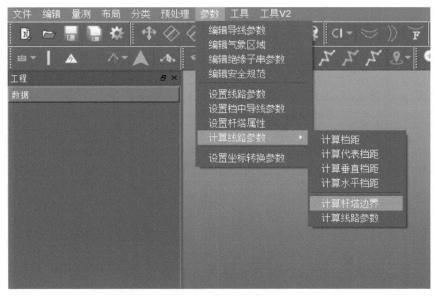

图 3.127　计算杆塔边界

12. 当前工况检测

区分植被、地面、架空地线、导线、杆塔、电力线、公路、铁路、建筑物、其他类后即可进行当前工况检测。

1）设置线路参数

点击选择"参数"→"设置线路参数"功能,弹出"线路参数修改"对话框,参考客户提供的信息设置各项参数,点击"保存"按钮退出设置,如图 3.128 所示。

图 3.128　设置线路参数

2）设置坐标转换参数

点击选择"参数"→"设置坐标转换参数"功能,参考客户提供的信息进行参数设置,设置完成后点击"确定"保存退出,如图 3.129 所示。

图 3.129　设置坐标转换参数

3）设置检测参数

点击检测按钮 右侧下拉箭头选择"检测参数设置"功能,根据客户要求进行设置（无要求时保持默认设置）,设置完成后点击"确定"保存退出,如图 3.130 所示。

图 3.130　设置检测参数

4）检测

点击检测按钮 CI▼，弹出"安全检测工程信息"窗口，设置坐标形式（无特殊情况选择度分秒），勾选"安全检测""生成报告""当前工况安全距离"选项，填写扫描日期后点击"开始"按钮，进行数据检测，如图 3.131 所示。

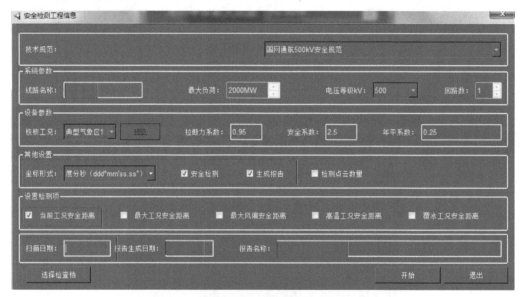

图 3.131　检测设置

5）检测报告查看确认

（1）数据检测完成后弹出提示窗口，点击"确认"后在浏览器中打开检测报告进行查看。

（2）根据当前工况安全距离检测报告的数值对线路进行质检，红色字体需找到相应的数据进行确认检查，如图 3.132 所示。

序号	杆塔区间	距小号塔距离(m)	坐标点	缺陷属性	缺陷半径	实测距离(m)			规范要求安全距离(m)			发现日期	发现人	图示
						水平	垂直	净空	水平	垂直	净空			
1	214-215	258.33		高植被	0.67	4.88	4.36	6.54	—	—	7.00			214-215
2	220-221	79.75		建筑	2.54	2.28	15.46	15.63	5.00	—	—			220-221
3	220-221	70.97		高植被	10.91	0.54	5.12	5.15	—	7.00	—			220-221
4	220-221	70.97		高植被	10.89	0.54	5.12	5.15	—	7.00	—			220-221
5	220-221	345.94		弱电线路	19.29	0.83	6.88	6.93	8.50	—	—			220-221
6	221-222	273.95		地面	3.08	2.56	13.54	13.78	—	—	14.00			221-222

图 3.132　检测报告查看确认

13. 标记挂点

特殊项目要求计算最大工况,计算当电力线遇到薄冰、风力、高温等各方面外界因素所造成的偏差,为了检测出这些偏差,需要用标记挂点的方法来计算。

1)挂点位置

近塔挂点:绝缘子和杆塔连接位置。

近线挂点:绝缘子和导线连接位置。

2)标记要求

(1)直线塔:绝缘子为 I 型串需要标记近塔挂点和近线挂点,绝缘子为 V 型串只需要标记近线挂点,如图 3.133 所示。

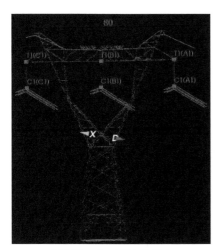
直线塔 3 个 I 型绝缘子串

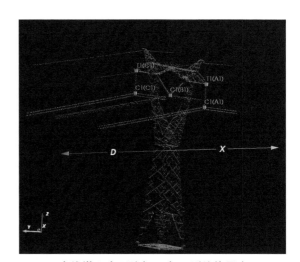
直线塔 2 个 I 型串、1 个 V 型绝缘子串

图 3.133　直线塔挂点标记

(2)耐张塔:两侧需分别标记近塔挂点,两侧挂点不强制对应,如图 3.134 所示。

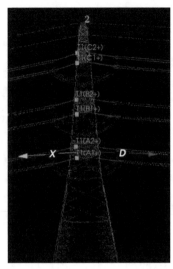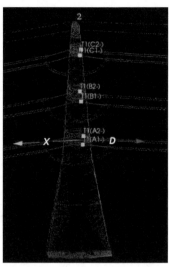

图 3.134　耐张塔挂点标记

（3）每档挂点标记完成后都需要及时保存，可按"保存"按钮或 Ctrl+A 保存。

（4）标记挂点回路个数必须正确。

（5）标记挂点时挂点编号没有顺序要求，但在一个耐张段里起始和终止的挂点编号必须一一对应，如图 3.135 红框中的对应方式。

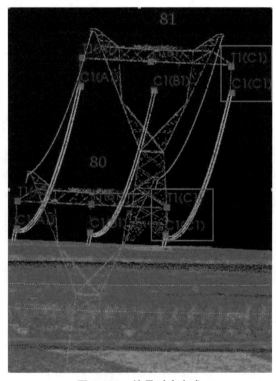

图 3.135　编号对应方式

3）标记方法

（1）点击标记挂点工具 ，弹出标记挂点单独界面，选择杆塔后界面中显示杆塔数据，界面中"D"箭头指向大号杆塔方向，"X"箭头指向小号塔方向，如图 3.136 所示。

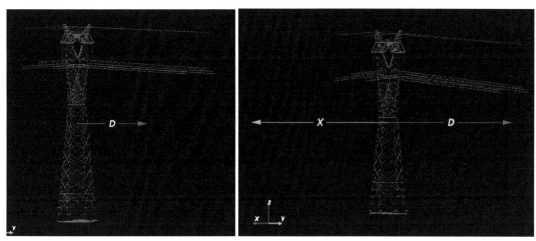

图 3.136　标记挂点单独界面

（2）在保证右方属性栏中对应的挂点编号亮，相关属性设置正确时，按下 Shift 键，并点击标注挂点的位置的点云数据，选中后松开 Shift 键，按 E 键进行标记，标记结果如图 3.137 所示。

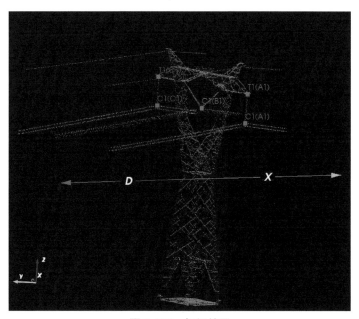

图 3.137　标记结果

注：在标 C1（B1）挂点时，更换绝缘子串类型为 V 型串；当标好第一个 C1（A1），系统会自动跳到 T1（A1），之后会跳到 C1（B1），顺着系统的顺序标记即可。

4）挂点修改

在保证右方属性栏中对应需修改的挂点编号亮时，按下 Shift 键，并点击需修改挂点的位置，选中后松开 Shift 键，并按 E 键进行标记，如图 3.138 所示。

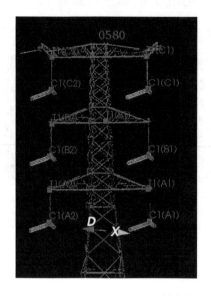 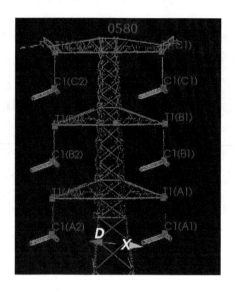

图 3.138　修改挂点

4. 档点云量测

档点云量测主要作用是方便获取档中电力设施、地物的空间参数信息。

（1）两点距离量测、多点距离量测、高度量测：这几种量测功能是量测点之间的净空距离、水平距离、垂直距离，适用范围也比较广泛。

（2）坡度量测：量测两点之间的坡度，适用于山坡、土堆等坡度量测，为野外作业难度提供评估。

（3）二维面积量测：量测多点构成的平面多边形的面积，适用于量测电力走廊中建筑物面积、工业作业区域面积、农田面积、林地面积等。

（4）杆塔倾斜量测：测量杆塔的倾斜程度，及早发现隐患杆塔。

（5）最近点查找：查找不同类别点之间距离最近的两个点，适用于检查电力设施与各地物间的最小净空距离，评估电力设施的安全状况。

（6）相间距测量、弧垂测量：量测不同相位导线间的距离和最大弧垂，为新建电力线路的竣工验收、已运行线路的日常巡检提供信息。

3.5　无人机安全操作规程

3.5.1　影响飞行安全的因素

无人机的安全是一个系统性问题，在介绍无人机安全操作规程之前，有必要首先分析影响无人机飞行安全的因素，只有这样才能采取有针对性的措施，提高无人机安全管理水平。

3.5.1.1　天气因素

我们都知道，恶劣天气会导致航班延误甚至取消，无人机也不例外。一般来说，民用无人机体型较小，成本更低，受到天气的影响要比民用航班大得多。而且无人机一般飞行高度不高，处于气流最混乱、气象活动最强烈的对流层下层，气象变化带来的影响更大。下面列举几种可能影响无人机安全飞行的气象。

1. 雨雪

市面上的大部分无人机都不具备防水功能，主要是因为电动旋翼无人机由电机提供动力，如果电机进水，容易造成短路而使动力失效，甚至发生坠机事故。想要对电机实现完全密封而达到一定的防水等级，将带来成本的大幅提升。此外，无人机的导航飞控系统、气压计等受雨水影响也较大，在雨中可能影响其正常功能的使用，甚至造成不可逆的损害。所以，在雨、雪、雷暴、冰雹等天气下应禁止无人机飞行。

2. 雾、霾

无人机处于潮湿的环境中，电机和螺丝的表面会形成一层水膜，水膜溶解空气中所含的二氧化碳、硫化氢、氧化氮及可溶性盐类而成为电解质溶液膜，金属电机和螺丝就在这层溶液膜作用下发生腐蚀，给无人机造成损害。所以，在相对湿度超过一定数值时，应禁止无人机飞行。

另外，雾、霾天气将显著影响能见度，无论是对视距内飞行还是对超视距飞行都会产生不利影响，从而影响飞行安全。

3. 低温

低温对无人机的影响主要在对电池的影响，无人机飞行的动力多数是由锂电池提供的，而低温环境会降低锂电池的性能。当电池暴露低于 15 ℃的环境下时，电池的化学物质活性显著降低，其内阻增大导致放电能力降低，电池放电时电压降加大。电压大幅下降会有两大风险：第一，飞行器动力系统最大推力不足以维持飞行；第二，电池会主动关机以避免电芯过放。这两种结果都会导致无人机安全受到影响,甚至发生事故。不耐低温是锂电池的通病,大家使用的手机、平板电脑等智能设备,在低温环境会关机也是同样的道理。

4. 大风

无人机空中悬停的基本飞行原理是螺旋桨旋转产生的升力与重力相等,当有一定的水平风速时,会对无人机产生一个水平方向的力,暂且把它称作风力。无人机为了保持悬停状态,飞控系统会控制无人机向来风的方向有一个倾角,使得升力不再是竖直方向,用升力的水平分力与风力平衡。当风速超过无人机的技术指标时,无人机就无法保持悬停状态。即使其没有超过无人机的技术指标,突变的阵风也会造成无人机飞行状态不稳定,影响飞行安全。大风还会增大无人机的耗电量,使续航时间缩短。

3.5.1.2　作业环境因素

1. 电磁环境

无人机的导航定位系统、图传、数传以及遥控器链路都易受到电磁环境的影响。一些整治"黑飞"的无人机反制系统就是采用了电磁干扰的原理。而且带电设备周边本身就存在强电场和强磁场,会对无人机产生一定的影响。

2. 地形环境

地形环境一方面会影响无人机通信信号,另一方面特殊的地形也可能形成微气象,对飞行安全产生影响。

3. 周边障碍物

周边障碍物对飞行安全的影响主要是飞行航线要避开这些障碍物,返航高度和返航策略的设置要考虑周边障碍物的位置和高度。同时,在紧急状态下,要防止无人机失控撞向周边的障碍物。此外,障碍物还会对通信信号产生一定的屏蔽作用。

3.5.1.3　无人机设备因素

无人机设备因素主要指无人机部件质量出现问题影响飞行安全,如电机故障、起落架失控、控制信号中断、螺旋桨断裂等。

3.5.1.4　人为因素

上述三方面影响无人机安全的因素都是非人为因素,下面分析人为因素对无人机飞行安全的影响。从结果来看,绝大多数无人机事故都存在人为因素,或为主要原因,或为次要原因。人为因素对无人机飞行安全产生影响主要表现在以下几个方面。

(1)操作技能较差:无人机操作人员经验不足、对周边环境不了解、操作技能不高、判断失误、身体状态欠佳、在遇到特殊情况时缺乏处置经验、没能作出正确的反应等都会影响无人机安全。

(2)超技术标准飞行:包括超过无人机对气象条件的要求进行飞行,如在大风、雨雪天气飞行;超过无人机电池容量、通信距离等性能参数飞行等。

(3)航前检查不到位:包括未检查起降点周边环境、气象条件;未对无人机适航状态进行检查;未进行完自检即起飞等。

（4）安全策略设置不当：包括返航高度设置不当，未根据飞行任务与飞行环境不同调整失控保护策略（返航、降落或者悬停）等。

（5）维护保养不当：包括未按时开展日常维护、零件维修更换、大修保养和试验等工作；未按要求进行充（放）电、性能检测等维护保养工作；在维护保养中未及时发现缺陷隐患等。

3.5.2　巡检系统与巡检人员

3.5.2.1　无人机巡检系统分类

无人机巡检系统是一种用于对架空输电线路进行巡检作业的装备，由无人机（包括旋翼带尾桨、共轴反桨、多旋翼和固定翼等形式）分系统、任务载荷分系统和综合保障分系统组成。

在《架空输电线路无人机巡检作业安全工作规程》（Q/GDW 11399—2015）中，无人机分系统为旋翼带尾桨或共轴反桨形式的称为中型无人直升机巡检系统；将多旋翼形式的称为小型无人直升机巡检系统；将固定翼形式的称为固定翼无人机巡检系统。

3.5.2.2　巡检人员配置

程控手是指利用地面控制站以增稳或全自主模式控制无人机巡检系统飞行的人员。

操控手是指利用遥控器以手动或增稳模式控制无人机巡检系统飞行的人员。

任务手是指操控任务载荷分系统对输电线路本体、附属设施和通道走廊环境等进行拍照、摄像的人员。

使用中型无人直升机巡检系统进行的架空输电线路巡检作业，作业人员包括工作负责人（一名）和工作班成员。工作班成员至少包括程控手、操控手和任务手。

使用小型无人直升机巡检系统进行的架空输电线路巡检作业，作业人员包括工作负责人（一名）和工作班成员，分别担任程控手和操控手，工作负责人可兼任程控手或操控手，但不得同时兼任。必要时，也可增设一名专职工作负责人，此时工作班成员至少包括程控手和操控手。

使用固定翼无人机巡检系统进行的架空输电线路巡检作业，作业人员包括工作负责人（一名）和工作班成员。工作班成员至少包括程控手和操控手。

3.5.2.3　巡检人员要求

作业人员应接受相应的安全生产教育和岗位技能培训，经考试合格上岗。

作业人员对《架空输电线路无人机巡检作业安全工作规程》应每年考试一次。因故间断无人机巡检作业连续 3 个月以上者，应重新学习《架空输电线路无人机巡检作业安全工作规程》，程控手和操控手还应进行实操复训，经考试合格后，方能恢复工作。

新参加无人机巡检工作的人员、实习人员和临时参加作业的人员等，应经过安全知识教育和培训后，方可参加指定工作，且不得单独工作。

3.5.3 保证安全的技术措施

3.5.3.1 航线规划

（1）应严格按照批复后的空域进行航线规划。

（2）应根据巡检作业要求和所用无人机巡检系统技术性能进行航线规划。

（3）航线规划应避开空中管制区、重要建筑和设施，尽量避开人员活动密集区、通信阻隔区、无线电干扰区、大风或切变风多发区和森林防火区等地区。对首次进行无人机巡检作业的线段，航线规划时应留有充足裕量，与以上区域保持足够的安全距离。

（4）航线规划时，无人机巡检系统飞行航时应留有裕度。对已经飞行过的巡检作业航线，每架次任务的飞行航时应不超过无人机巡检系统作业航时，并留有一定裕量。对首次实际飞行的巡检作业航线，每架次任务的飞行航时应充分考虑无人机巡检系统作业航时，留有充足裕量。

（5）除必要的跨越外，无人机巡检系统不得在公路、铁路两侧路基外各 100 m 之间飞行，距油气管线边缘距离不得小于 100 m。

（6）除必要外，航线不得跨越高速铁路，尽量避免跨越高速公路。

（7）选定的无人机巡检系统起飞和降落区应远离公路、铁路、重要建筑和设施，尽量避开周边军事禁区、军事管理区、森林防火区和人员活动密集区等，且满足对应机型的技术指标要求。

（8）不得在无人机巡检系统飞行过程中更改巡检航线。

3.5.3.2 安全策略设置

（1）应充分考虑无人机巡检系统在飞行过程中出现偏离航线、导航卫星颗数无法定位、通信链路中断、动力失效等故障的可能性，合理设置安全策略。

（2）应充分考虑巡检过程中气象条件和空域许可等情况发生变化的可能性，合理制订安全策略。

3.5.3.3 航前检查

（1）应确认当地气象条件是否满足所用无人机巡检系统起飞、飞行和降落的技术指标要求；掌握航线所经地区气象条件，判断是否对无人机巡检系统的安全飞行构成威胁。若不满足要求或存在较大安全风险，工作负责人可根据情况间断工作、临时中断工作或终结本次工作。

（2）应检查起飞和降落点周围环境，确认满足所用无人机巡检系统的技术指标要求。

（3）每次放飞前，应对无人机巡检系统的动力系统、导航定位系统、飞控系统、通信链路、任务系统等进行检查。当发现任一系统出现不适航状态，应认真排查原因、修复，在确保安全可靠后方可放飞。

（4）每次放飞前，应进行无人机巡检系统的自检。若自检结果中有告警或故障信息，应认真排查原因、修复，在确保安全可靠后方可放飞。

3.5.3.4　航巡监控

（1）各型无人机巡检系统的飞行高度、速度等应满足该机型技术指标要求，且满足巡检质量要求。

（2）无人机巡检系统放飞后，宜在起飞点附近进行悬停或盘旋飞行，作业人员确认系统工作正常后方可继续执行巡检任务。否则，应及时降落，认真排查原因、修复，在确保安全可靠后方可再次放飞。

（3）程控手应始终注意观察无人机巡检系统发动机或电机转速、电池电压、航向、飞行姿态等遥测参数，判断系统工作是否正常。如有异常，应及时判断原因，采取应对措施。

（4）操控手应始终注意观察无人机巡检系统飞行姿态，发动机或电机运转声音等信息，判断系统工作是否正常。如有异常，应及时判断原因，采取应对措施。

（5）采用自主飞行模式时，操控手应始终掌控遥控手柄，且处于备用状态，注意按程控手指令进行操作，操作完毕后向程控手汇报操作结果。在目视可及范围内，操控手应密切观察无人机巡检系统飞行姿态及周围环境变化，突发情况下，操控手可通过遥控手柄立即接管控制无人机巡检系统的飞行，并向程控手汇报。

（6）采用增稳或手动飞行模式时，程控手应及时向操控手通报无人机巡检系统发动机或电机转速、电池电压、航迹、飞行姿态、速度及高度等遥测信息。当无人直升机巡检系统飞行中出现链路中断故障，巡检系统可原地悬停等候 1~5 min，待链路恢复正常后继续执行巡检任务。若链路仍未恢复正常，可采取沿原飞行轨迹返航或升高至安全高度后返航的安全策略。

（7）无人机巡检系统飞行时，程控手应密切观察无人机巡检系统飞行航迹是否符合预设航线。当飞行航迹偏离预设航线时，应立即采取措施控制无人机巡检系统按预设航线飞行，并再次确认无人机巡检系统飞行状态正常可控。否则，应立即采取措施控制无人机巡检系统返航或就近降落，待查明原因、排除故障并确认安全可靠后，方可重新放飞执行巡检作业。

（8）各相关作业人员之间应保持信息畅通。

3.5.3.5　航后检查

（1）当天巡检作业结束后，应按所用无人机巡检系统要求进行检查和维护工作，对外观及关键零部件进行检查。

（2）当天巡检作业结束后，应清理现场，核对设备和工器具清单，确认现场无遗漏。

（3）对于油动力无人机巡检系统，应将油箱内剩余油品抽出；对于电动力无人机巡检系统，应将电池取出。取出的油品和电池应按要求保管。

3.5.4　无人机巡检安全注意事项

3.5.4.1　一般注意事项

（1）使用的无人机巡检系统应通过试验检测。作业时，应严格遵守相关技术规程要求，严格按照所用机型要求进行操作。

（2）现场应携带所用无人机巡检系统飞行履历表、操作手册、简单故障排查和维修手册。

（3）工作地点、起降点及起降航线上应避免无关人员干扰，必要时可设置安全警示区。

（4）现场禁止使用可能对无人机巡检系统通信链路造成干扰的电子设备。

（5）带至现场的油料应单独存放，并派专人看守。作业现场严禁吸烟和出现明火，并做好灭火等安全防护措施。

（6）加油及放油应在无人机巡检系统下电、发动机熄火、旋翼或螺旋桨停止旋转以后进行，操作人员应使用防静电手套，作业点附近应准备灭火器。

（7）加油时，如出现油料溢出或泼洒，应擦拭干净，并检查无人机巡检系统表面及附近地面确无油料时，方可进行系统上电以及发动机点火等操作。

（8）雷电天气不得进行加油和放油操作。在雨、雪、风沙天气条件时，应采取必要的遮蔽措施后才能进行加油和放油操作。

（9）起飞和降落时，现场所有人员应与无人机巡检系统始终保持足够的安全距离，作业人员不得位于起飞和降落航线下。

（10）巡检作业现场所有人员均应正确佩戴安全帽和穿戴个人防护用品，正确使用安全工器具和劳动防护用品。

（11）现场作业人员均应穿戴长袖棉质服装。

（12）工作前8 h及工作过程中不应饮用任何酒精类饮品。

（13）工作时，工作班成员禁止使用手机。除必要的对外联系外，工作负责人不得使用手机。

（14）现场不得进行与作业无关的活动。

3.5.4.2　中型无人直升机巡检作业安全注意事项

（1）操控手应在巡检作业前一个工作日完成所用中型无人直升机巡检系统的检查，确认状态正常，准备好现场作业工器具以及备品备件等物资，并向工作负责人汇报检查和准备结果。

（2）程控手应在巡检作业前一个工作日完成航线规划工作，编辑生成飞行航线、各巡检作业点作业方案和安全策略，并交工作负责人检查无误。

（3）应在通信链路畅通范围内进行巡检作业。

（4）宜采用自主起飞，增稳降落模式。

（5）起飞和降落点宜相同。

（6）巡检航线应位于被巡线路的侧方，且宜在对线路的一侧设备全部巡检完后再巡另一侧设备。

（7）沿巡检航线飞行宜采用自主飞行模式。即使在目视可及范围内，也不宜采用增稳飞行模式。

（8）不得在重要建筑和设施的上空穿越飞行。

（9）沿巡检航线飞行过程中,在确保安全时,可根据巡检作业需要临时悬停或解除预设的程控悬停。

（10）无人直升机巡检系统悬停时应顶风悬停,且不应在设备、建筑、设施、公路和铁路等的上方悬停。

（11）无人直升机巡检系统到达巡检作业点后,程控手应及时通报任务手,由任务手操控任务设备进行拍照、摄像等作业,任务手完成作业后应及时向程控手汇报。任务手与程控手之间应保持信息畅通。

（12）若无人直升机巡检系统在巡检作业点处的位置、姿态以及悬停时间等需要调整以满足拍照和摄像作业的要求,任务手应及时告知程控手具体要求,由程控手根据现场情况和无人直升机状态决定是否实施。实施操作应由程控手通过地面站进行。

（13）巡检作业时,无人直升机巡检系统与线路设备距离不宜小于 30 m、水平距离不宜小于 25 m,与周边障碍物距离不宜小于 50 m。

（14）巡检飞行速度不宜大于 15 m/s。

3.5.4.3 小型无人直升机巡检作业安全注意事项

（1）操控手应在巡检作业前一个工作日完成所用无人直升机巡检系统的检查,确认状态正常,准备好现场作业工器具以及备品备件等物资。

（2）应在通信链路畅通范围内进行巡检作业。在飞至巡检作业点的过程中,通常应在目视可及范围内;在巡检作业点进行拍照、摄像等作业时,应保持目视可及。

（3）可采用自主或增稳飞行模式控制无人直升机巡检系统飞至巡检作业点,然后以增稳飞行模式进行拍照、摄像等作业。不应采用手动飞行模式。

（4）无人直升机巡检系统到达巡检作业点后,宜由程控手进行拍照、摄像等作业。

（5）程控手与操控手之间应保持信息畅通。若需要对无人直升机巡检系统的位置、姿态等进行调整,程控手应及时告知操控手具体要求,由操控手根据现场情况和无人直升机状态决定是否实施。实施操作应由操控手通过遥控器进行。

（6）无人直升机巡检系统不应长时间在设备上方悬停,不应在重要建筑及设施、公路和铁路等的上方悬停。

（7）巡检作业时,无人直升机巡检系统与线路设备距离不宜小于 5 m,与周边障碍物距离不宜小于 10 m。

（8）巡检飞行速度不宜大于 10 m/s。

3.5.4.4 固定翼无人机巡检作业安全注意事项

（1）操控手应在巡检作业前一个工作日完成所用固定翼无人机巡检系统的检查,确认状态正常,准备好现场作业工器具以及备品备件等物资,并向工作负责人汇报检查和准备结果。

（2）程控手应在巡检作业前一个工作日完成航线规划工作,编辑生成飞行航线、各巡检作业点作业方案和安全策略,并交工作负责人检查无误。

（3）巡检航线任一点应高出巡检线路包络线100 m以上。

（4）起飞和降落宜在同一场地。

（5）使用弹射起飞方式时,应防止橡皮筋断裂伤人。弹射架应固定牢靠,且有防误触发装置。

（6）巡检飞行速度不宜大于30 m/s。

3.5.4.5　架空输电线路无人机巡检作业工作单填写规范及示例

按照《架空输电线路无人机巡检作业安全工作规程》的规定,使用小型无人直升机巡检系统开展的线路设备巡检、通道环境巡视、线路勘察和灾情巡视等工作或在突发自然灾害或线路故障等情况下需紧急使用无人机巡检系统开展的工作只需要填写无人机巡检作业工作单,不需要填写工作票。由于电力行业中大部分巡检任务由小型无人直升机完成,所以本节重点介绍架空输电线路无人机巡检作业工作单填写规范及示例。

1. 使用范围

填用架空输电线路无人机巡检作业工作单的工作范围:

（1）使用小型无人直升机巡检系统开展的线路设备巡检、通道环境巡视、线路勘察和灾情巡视等工作;

（2）在突发自然灾害或线路故障等情况下需紧急使用无人机巡检系统开展的工作。

2. 填写基本要求

（1）工作单由工作负责人填写。

（2）工作单应用黑色或蓝色的钢（水）笔或圆珠笔填写与签发,不准使用红色笔（安全措施附图中除外）,内容应正确,填写应清楚,工作票票面上的时间、使用空域范围及工作任务等关键字不得涂改。如有个别错、漏字需要修改、补充时,在写错处划两横线注销后改正。每份工作票的改写不得超过三处。

（3）工作单所涉及日期时间的填写应按公历及24小时制填写,年份应写满4位,月、日、时、分等应写满2位,如2018年01月18日18时03分。

（4）工作单一式两份,应提前分别交给工作负责人和工作许可人。

（5）正式执行的工作单,工作负责人、工作许可人应手写签名或电子签名,不得直接打印。电子签名应有保护电子签名的措施,否则不得使用。

（6）工作单有破损不能继续使用时,应补填新的工作单,并重新履行许可手续。

（7）同一张工作单上,工作许可人、工作负责人（监护人）不得兼任。

（8）已终结的工作单应保存一年。

（9）一张工作单只能使用一种型号的无人机巡检系统。使用不同型号的无人机巡检系统进行作业,应分别填写工作单。

（10）一个工作负责人不能同时执行多张工作单。在巡检作业工作期间,工作单应始终保留在工作负责人手中。

（11）对多个巡检飞行架次,但作业类型相同的连续工作,可共用一张工作单。

3. 填写规范

（1）"单位"栏：填写无人机作业单位名称，如"东方供电分公司"等。

（2）"编号"栏：工作单使用前应同一顺序编号，中间不得空号，未经编号的工作单不准使用。工作单由各单位统一编号，编号由单位（名称，可简写）、部门（名称，可简写）、单类型（无人机）、年份（四位）、月份（两位）、流水号（四位）组成，如"单位 - 部门（无人机）- 年 - 月 - 流水号"。

（3）"工作负责人"栏：填写现场工作负责人姓名，一个工作负责人不能同时执行多张工作单。工作负责人应具有 3 年及以上的架空输电线路巡检实际工作经验，具有 10 次及以上的无人机巡检实际工作经验，具有一定组织能力和事故处理能力，经专门培训考试合格，并具有上岗证。

工作负责人应履行下列安全责任：

①正确安全地组织开展巡检作业工作，按国家相关法律法规规定正确使用空域，及时纠正不安全行为；

②负责检查航线规划、安全策略设置和作业方案等是否正确完备，必要时予以补充；

③负责检查工作票所列安全措施是否正确完备，是否符合现场实际条件，必要时予以补充；

④工作前对工作班成员进行危险点告知、交代安全措施和技术措施，并确认每一个工作班成员都已知晓；

⑤严格执行工作票所列安全措施；

⑥督促、监护工作班成员遵守本规程，正确使用劳动防护用品和执行现场安全措施，及时纠正不安全行为；

⑦确认工作班成员精神状态是否良好，必要时予以调整。

（4）"工作许可人"栏：填写工作许可人姓名。工作许可人应通过考试并合格，工作许可人员名单应书面公布。

工作许可人应履行下列安全责任：

①负责审查飞行空域是否已获批准；

②负责审查航线规划是否满足安全飞行要求；

③负责审查安全措施等是否正确完备；

④负责审查安全策略设置等是否正确完备；

⑤负责审查异常处理措施是否正确完备；

⑥负责按相关要求向当地民航军管部门办理作业申请。

（5）"工作班成员"栏：填写工作班成员姓名，不包括工作负责人。使用小型无人直升机巡检系统进行的架空输电线路巡检作业，当工作负责人可兼任程控手或操控手时，此栏应至少填写一名工作班成员；当工作中有一名专职工作负责人时，此栏应至少填写两名工作班成员。

（6）"作业性质"栏：使用小型无人直升机巡检系统开展线路设备巡检、通道环境巡视、线路勘察和灾情巡视等工作的,在此栏选择小型无人直升机巡检作业;在突发自然灾害或线路故障等情况下需紧急使用无人机巡检系统开展工作的,在此栏选择应急巡检作业。

（7）"无人机巡检系统型号及组成"栏:填写无人机巡检系统型号。对于一体式无人机巡检系统,应填写无人机品牌及型号;对于自行组装的无人机巡检系统应填写其组成,包括无人机平台、云台、相机等。如"大疆'御'无人机巡检系统""X6 无人机系统(包括无人机机体、α6000 相机云台、动力电池等)"。

（8）"使用空域范围"栏:填写使用的空域范围,空域使用应符合相关规定。

（9）"工作任务"栏:填写工作任务,包括工作地点和工作内容,工作内容指精细化巡检、通道巡检和其他,如"利用小型多旋翼无人机对 500 千伏北丽一线 112#-113# 塔开展精细化巡检作业"。

（10）"飞行巡检安全措施"栏:填写飞行巡检的安全措施。

（11）"安全策略"栏:填写无人机巡检系统发生故障或遇紧急意外情况时的巡检安全策略,包括应提前设置的失控策略。

（12）"其他安全措施和注意事项"栏:填写需要补充的安全措施和注意事项,"飞行巡检安全措施""安全策略""其他安全措施和注意事项"构成了工作单完整的安全措施,安全措施应根据现场情况填写,体现针对性,如现场障碍物情况等。

（13）"许可方式及时间"栏:填写许可方式及时间,办理工作许可手续方法可采用当面办理、电话办理或派人办理。当面办理和派人办理时,工作许可人和工作负责人在两份工作票上均应签名。电话办理时,工作许可人及工作负责人应复诵核对无误。许可时间应在批复的飞行计划时间内。

（14）"作业情况"栏:填写作业开始时间,作业结束时间,工作终结报告时间、报告方式,无人机巡检系统状况。

（15）"工作负责人（签名）"栏:由工作负责人手写签名,该签名应在履行工作许可手续时完成。

（16）"工作许可人（签名）"栏:由工作许可人手写签名,该签名应在履行工作许可手续时完成。

（17）"填写时间"栏:填写首次填写无人机工作单的时间,此时间应在许可时间之前。

4. 示例

架空输电线路无人机巡检作业工作单见表 3.12。

表 3.12　架空输电线路无人机巡检作业工作单

单位:东方供电分公司	编号:东方 - 运维检修部输电运检室(无人机)-2019060001
1.工作负责人:付志东　工作许可人:徐克建	
2.工作班: 工作班成员(不包括工作负责人):高建宇、王先进	
3.作业性质: 小型无人直升机巡检作业(√)　应急巡检作业( )	

续表

4. 无人机巡检系统型号及组成: X6 无人机系统(包括无人机机体、α6000 相机云台、动力电池等)
5. 使用空域范围: 500 千伏北丽一线 112#-113# 塔所辖空域范围
6. 工作任务: 利用小型多旋翼无人机对 500 千伏北丽一线 112#-113# 塔开展精细化巡检作业
7. 安全措施(必要时可附页绘图说明): 7.1 飞行巡检安全措施 (1)应确认现场气象条件和周围环境条件是否满足所用无人机巡检系统的作业要求。 (2)每次放飞前应确保无人机巡检系统处于适航状态。若不满足巡检要求或存在安全隐患,应认真排查原因、修复,在确保安全可靠后方可放飞。 (3)放飞后应先在起飞点附近悬停,作业人员确认系统正常后方可继续执行巡检任务。 (4)程控手应始终注意观察无人机巡检系统发动机或电机转速、电池电压、航向、飞行姿态等遥测参数,操控手应始终注意观察无人机巡检系统飞行姿态、发动机或电机运转声音等信息,判断系统工作是否正常。各相关作业人员之间应保持信息畅通。 (5)当天巡检作业结束后,应清理现场,核对设备和工器具清单,确认现场无遗漏。 7.2 安全策略 (1)无人机巡检系统在空中飞行时,当发生故障或遇紧急意外情况等,应尽可能控制无人机巡检系统在安全区域紧急降落;当导航卫星数无法定位或动力失效,应在保障地面人员和设备安全的前提下迫降;当通信链路中断,应原地悬停 1~5 min,当无法恢复则选择升高至安全高度后返航。 (2)巡检作业区域出现其他飞行器或飘浮物时,应立即评估巡检作业安全性,在确保安全后方可继续执行巡检作业,否则应采取避让措施。 (3)无人机巡检系统发生坠机等故障或事故时,应妥善处理次生灾害并立即上报。 (4)提前将失控策略设置为自动返航,返航高度为 80 m。
7.3 其他安全措施和注意事项 (1)现场禁止使用可能对无人机巡检系统通信链路造成干扰的电子设备。 (2)起飞和降落时,应避免无关人员干扰,现场所有人员应与无人机巡检系统始终保持足够的安全距离,作业人员不得位于起降航线下。 (3)现场作业人员应正确佩戴安全帽,穿全棉长袖工作服,正确使用安全工器具和劳动防护用品。 (4)巡检作业时,小型无人机巡检系统与线路设备距离不宜小于 5 m,与周边障碍物距离不宜小于 10 m,巡检飞行速度不宜大于 10 m/s。 (5)500 千伏北丽一线 112#-113# 跨越 220 千伏东韩线,注意与东韩线保持不小于 10 m 的安全距离。 上述 1~6 项由工作负责人付志东根据工作任务布置人徐克建的布置填写。
8. 许可方式及时间 许可方式:当面办理。 许可时间:2019 年 06 月 03 日 09 时 00 分至 2019 年 06 月 03 日 12 时 00 分。
9. 作业情况 作业自 2019 年 06 月 03 日 09 时 20 分开始,至 2019 年 06 月 03 日 10 时 17 分无人机巡检系统撤收完毕,现场清理完毕,作业结束。 工作负责人于 2019 年 06 月 03 日 10 时 25 分向工作许可人徐克建用电话报告方式汇报。 无人机巡检系统状况:经检查良好。
工作负责人(签名)付志东 工作许可人徐克建
填写时间 2019 年 06 月 02 日 16 时 00 分

3.6　无人机事故应急处置

本节主要讲解无人机事故处理流程、无人机故障征兆及无人机应急处理办法。在架空输电线路无人机巡检作业中，由于气象条件、电磁环境、机械结构、电子系统、人为操作因素，不可避免会发生各种故障，甚至导致事故，需要作业人员尽可能了解可能发生的各种故障。重点讲解无人机机械结构、控制系统、动力系统、通信系统各种故障发生的原因、征兆、应急处置办法，尽可能降低故障发展成为事故的可能性；重点讲解事故处理流程，对已经酿成的事故明确后续应急处置工作开展内容，讲解事故评估、隔离现场、舆情控制、事故上报和事故分析操作；重点讲解无人机事故分析，讲解无人机飞行记录阅读、分析办法以及事故报告的编制方法。坠机事故几乎是每个多旋翼无人机驾驶员都会遇到的问题，本节力求使读者面对故障能够从容应对，尽可能减少无人机巡检作业中事故的发生。

3.6.1　无人机事故

无人机事故是每一位飞手必然会经历的，无论是设备问题还是操控问题，甚至是质量问题，都有一定概率发生故障乃至事故。一般无人机事故俗称"炸机"。不少飞手在飞行经历的第一次炸机后会有心理上的波动，产生如焦虑、紧张、沮丧、悲伤、痛苦等情绪，尤其是有一些转化为对无人机驾驶的愤怒感，拒绝继续参与无人机驾驶作业，或对未来的无人机驾驶作业蒙上阴影，这对无人机驾驶员的成长是十分不利的。所以本节首先要对无人机驾驶员做好无人机事故的心理建设，随后探讨如何提前发现事故征兆，面对意外情况如何操作，如果已经酿成事故如何处置。

面对无人机事故，作为驾驶员要明白这是必须经历的成长过程，不要因为一次事故就沮丧气馁，经验丰富的操作人员都是从不断炸机的经历中成长过来的，尽可能将炸机发生在训练场上、模拟器上，尽量多从别人的炸机事故中学习知识，从自己每一次炸机事故中学到经验，提高应急反应能力，再次遇到相近的情况能够正确操作、化险为夷，避免故障发展成为事故。

需要为无人机巡检作业建立一个相对宽松的环境。

（1）目前各个公司一般都是应用消费级无人机开展架空输电线路巡检作业，消费级无人机对于强电磁环境防护有一定不足，因此无人机各个子系统发生故障的概率明显高于无人机在正常环境下使用发生故障的概率。同时，对无人机的使用寿命也有一定影响。据使用经验，为了保证无人机正常工作不发生故障，一般消费级无人机在近电场作业300次以上就应强制报废，近年来随着无人机技术的提升，抗电磁场干扰能力和耐受能力提升，该数值也有所提升。但可以看出，在架空输电线路巡检工作中，无人机不是一个耐用性工具，应为一个易耗损性工具。但由于无人机价格十分低廉，强制报废无人机仍有较高的残值，综合使用成本较人工巡检仍然有较大优势。电力巡检用无人机已经随着技术进步渡过了价格高昂的时代，同时各类保险也不断完善，所以应建立起无人机是易损耗工具的概念，在使用过程中不要有过重的心理负担,建立良好的使用心态。

（2）不少型号的无人机在近导线作业时都是高频次强电场作业,甚至因强电磁场干扰经常处于姿态模式开展作业,超视距近导线姿态模式飞行本身就是难度很大、危险性较高的作业方式,因此也很容易发生事故。虽然可以通过不断练习,增加架空输电线路现场巡检经验,提升巡检能力来降低事故发生率,但是从统计上来讲,近导线的无人机巡检作业平均事故率还是高于良好环境下的飞行。所以,发生事故从统计上来看是必然的,但同时需要考虑到无人机事故率、单次设备维修成本、无人机折旧成本三者综合的平均无人机事故成本仍然是较低的。目前,各地方仍处于无人机应用推广阶段,不应唯事故论,应以无人机故障损失率为评价标准,既要推动架空输电线路人员大胆应用无人机作业,又要在安全操作、避免事故上给予一定压力,形成无人机巡检专业的良性发展。

虽然导致事故的因素很多,无人机巡检中事故发生也是必然的,但是也必须认识到,随着无人机技术的进步,多旋翼类无人机的可靠性是在逐年提高的。在现阶段,多旋翼类无人机 99% 的事故都有人为失误因素,完全因设备突发故障且无法操作挽回的事故极少,大部分故障都可以通过航前检查、故障征兆预判、应急操作进行处理,消除无人机故障、避免发生事故或避免发生更大损失。根据其他网省运行管理经验,随着无人机驾驶员能力提升,设备整体故损率降低明显。所以,提高自身知识技术水平和应急处置能力是很有必要的。

3.6.2　事故处理流程

无人机事故既然无法完全避免,无人机驾驶员就要熟知无人机故障及事故处理流程(图 3.139),才能在面对故障和事故时从容不迫。

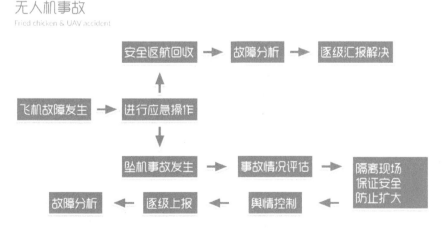

图 3.139　无人机故障及事故处理流程

无人机作业人员在使用多旋翼无人机进行架空输电线路巡检时,如果发生故障,飞机会产生一些征兆或实时反馈不正常信息。操作人员在接收到这些信号时,进行故障信息判断、应急操作、操作效果反馈往往只有几秒钟时间,这一部分内容下节会详细介绍。应急操作完成,无论无人机故障消除与否,只会有两种结果:一是安全返航回收,二是发生事故和坠机。严禁在故障发生但未查明原因时继续进行无人机巡检作业。

3.6.2.1　安全返航回收

如果在故障发生后进行的应急处置操作生效,那么无人机要立即进行返航,将无人机驾驶到起飞点附近进行降落回收。如果难以安全返航,应在故障发生点附近寻找安全降落点,将无人机迫降到安全点位,然后迅速寻找无人机进行回收。

在无人机回收后,不要继续进行巡检作业,应现场检查无人机机械结构、动力结构、电池等设备情况:①检查外观是否有松动、开裂等异常状态;②检查各机臂、电机温度情况;③检查电机转动手感、声响是否有异常;④检查各电池电压及温度情况;⑤确认落地后故障信息是否仍然存在。将现场实时检查情况做好记录,为后续故障分析留存资料。

离开现场后要做详细的无人机故障分析,结合现场环境、作业条件、故障信息、航后检查信息、应急操作过程及操作反馈,认真判断故障原因,形成故障报告。故障报告是积累故障处理经验,分析所用无人机家族性缺陷,为今后安全飞行进行技术指导的重要知识积累,是提升公司整体无人机巡检技能水平的宝贵资料。

最后,要将该次无人机巡检故障报告上报,针对无人机本身缺陷问题要及时汇总,由管理部门协同采购、售后等共同解决问题,消除同批次同型号无人机的类似缺陷;针对操作问题要认真回顾当时的故障判断和应急措施,结合无人机飞行记录复盘故障现场,仔细研究最优操作办法,总结形成文字性经验;针对环境问题要统一汇总,形成特殊区域台账,如无线电干扰区、电磁异常区、未标注禁飞区、特殊气象区等区域台账。为今后架空输电线路无人机巡检作业开展建立实用性基础台账。

3.6.2.2　发生事故、坠机

如果在故障发生后进行的应急处置操作不及时或未生效,发生了无人机坠机事故(图3.140),作业人员切记要冷静,由现场巡检作业负责人立刻组织开展事故处理工作。

首先要开展事故评估工作,评估本次无人机坠机事故造成的影响,主要判断以下三方面:①人身伤害及第三方财产损失情况;②电网设备损伤情况;③无人机设备损伤情况。

图 3.140　无人机坠机事故

　　人身安全是第一位的,在日常开展无人机巡检工作时,经常飞越人员活动区域。在飞行航线或巡检地点下方有人员出没地区进行巡检时,要时刻明确无人机下方的地形环境,在发生坠机后第一时间明确坠机位置是否存在伤人的可能,同时要判断第三方财产损失情况,与人身伤害情况相同,时刻明确自身位置,大概了解无人机坠机位置是否可能在民房、农田、养殖场等位置,预估财产损失情况。其次要判断电网损伤情况,目前经常使用的小型多旋翼无人机很难对架空输电线路设备造成损伤,如果是中型无人机则有损伤导线、绝缘子乃至导致线路跳闸的可能,依据最后故障信息及时判断。最后根据坠机高度、速度、环境等信息预估无人机本体损伤情况,是否存在发生起火等次生灾害的可能,如果坠机后无人机部分系统还能工作,可以依靠回传的信息辅助判断情况和寻找无人机。

　　评估事故现场严重程度后,立刻前往坠机地点,查找坠机现场。该部分内容会在后面小节进行说明。如果除无人机本身损伤外,未发生任何事故损失,那么需要将坠机现场进行拍照留存,按照航后检查标准检查无人机各部分损伤情况,对疑似故障源头部件进行拍照,收拾整理无人机残骸,为无人机换新或理赔留存证据。如果发生了人身伤害或第三方财产损失,要第一时间联系医疗急救部门进行救治,人员安全永远是第一位的。在未发生人身伤害或人身伤害问题已经无法进一步采取措施时,要组织人员隔离现场,保证现场不发生如火灾等二次灾害。隔离现场另一方面是要保证无人机事故尽量在时间、空间、人员上控制在一个较小范围内,防止无人机坠机事故酝酿发酵带来更大影响。

同时要开展舆情控制工作,尽可能减少舆情事故。一般来讲,无人机坠机事故对于群众来说很新奇,极容易引起围观,在新媒体时代消息传播扩散也十分迅速。隔离现场工作一部分就是将事故现场同围观群众隔离开来,减少正面或负面信息传播。

隔离现场工作完成后,及时将坠机现场进行拍照留存,按照航后检查标准检查无人机各部分损伤情况,对疑似故障源头部件进行拍照,收拾整理无人机残骸,为无人机换新或理赔留存证据。现场事故应急处置基本完成后,应及时上报上级管理部门,及时汇报事故情况、影响范围及处置情况,将事故信息逐级上报,为可能带来的舆情问题提前做好准备。

现场工作结束后,要按照前文要求进行故障分析和事故分析,结合现场环境、作业条件、故障信息、航后检查信息、应急操作过程及操作反馈,认真判断故障原因,同时要将事故发生后的应急处置措施进行总结,形成事故报告并上报。

无论在无人机飞行过程中发现故障征兆,还是对既成事故的后续处置,无人机作业人员必须保持冷静。这一方面需要作业人员对无人机系统十分了解,熟知各种系统发生问题表现出来的征兆,掌握不同故障的应急操作办法,做好丰富的知识技能储备;另一方面需要作业人员有良好的心理素质,既要认识到无人机事故是难免的,又要认真对待事故,认识到事故的严重后果,尽可能减少事故发生。尤其是无人机巡检作业工作负责人,在现场事故应急处置工作中起到绝对领导指挥作用,现场应急处置不力或不及时,很容易发生各种次生问题。保持冷静是进行故障判断、应急操作、事故处理的基本前提。

3.6.3　常见无人机事故征兆

结合无人机系统相关知识和无人机基本操作相关知识可以知道,在无人机进行巡检作业时,可以得到的信息来自目视范围内飞机状态的物理信息以及无人机地面站展示的各种信息。因此,多旋翼类无人机常见事故征兆主要有以下四个方面:控制链路出现异常、图传信号出现异常、飞机姿态出现异常、数传信号出现异常。

3.6.3.1　控制链路出现异常

控制链路出现异常通常是指飞机突然出现不可控或不能正确反应遥控器输出信号的情况。结合实际案例,讲解此类故障表现出来的特征及故障原因。

1. 飞机失去控制

在某次现场作业中,使用一架 Fataba 接收机配合 DJI A2 飞控的六旋翼无人机进行精细化巡检,在飞向目标杆塔时突然失去控制,表现为飞机进入姿态模式悬停,在遥控器上进行任何操作均无反应。飞机云台进入无头模式,不能正确反映无人机机头方向,当时未使用地面站。此时判断为控制链路发生通信异常，无人机在姿态悬停模式下随风逐渐远离起飞点，在不断进行打杆操作尝试后，无人机能部分反应遥控器指令，结合图传、目视信息，找到机头方向，使用目视方式将无人机返航。此次故障判断接收机与飞控匹配发生问题，信号传输不稳定，甚至传输错误信号。后更换接收机后此问题未再发生。

在某次精细化巡检练习过程中，无人机已经翻越杆塔到另一侧工作，突然无人机不受控，悬停 2 s 后开始爬高，升至 20 m 时径直向起飞点飞来，最后自动降落，未发生事故。后经分析，该无人机在安全策略中设置了电台数传信号丢失自动返航的策略，而当时数传信号只作为辅助信息提供，电台信号丢失不应作为触发返航的条件，属于安全策略设置错误。此次虽然未造成事故，但故障原因值得警醒。事后经分析，当时正确的操作应为快速切换飞行模式，由原 GPS 模式切换至姿态模式后再切换回来，中断无人机的返航，重新获得无人机的控制权。

在某次无人机精细化巡检训练中，无人机准备进行杆塔远离起飞点一侧的巡视拍照工作，在无人机翻越杆塔，进行下降操作时，无人机突然失去控制，进行任何操作均没有响应，无人机悬停在杆塔附近。初步判断为下降高度后控制链路受杆塔阻挡中断，后将遥控器关机，无人机执行自动返航的安全策略，无人机正常着陆至起飞点。

在某次通道巡检任务中，无人机在架空输电线路上方飞行，在距离起飞点 2.8 km 处时，飞机图传发生卡顿，仍然可以正常传输信号，但对遥控器控制不做任何反应。判断是因距离较远，控制信号受干扰或较弱，但无人机仍然可以保持与遥控器连接，不能有效接收信息。后直接将遥控器关机，无人机启动安全策略，自动返航，安全飞行到起飞点回收。此种控制链路先于图传发生传输问题的情况并不多见。

通常来讲，无人机的控制链路频率较低，信号频率越低，绕过障碍物的能力也就越强，但是也要区分遥控器和接收机模式和设置问题。角钢塔阻碍控制链路通信的情况并不多见，此次故障控制链路也并未完全中断，因此可以使用关遥控器的办法使之执行失控返航策略。

2. 飞机异常动作

在某次训练飞行中，使用一架教练机 A 准备进行水平"8"字练习，经航前检查一切正常，遥控器 A 及接收机指示灯均正常，自检完毕后，在遥控器上解锁无人机发现无反应，多次尝试过程中，无人机突然解锁并起飞，但起飞后无人机悬停在离地 5 m 高度上，并不受遥控器控制，随后异常水平飞行，撞树坠机。

后经检查此次事故是由于遥控器与飞机发生多对一情况。无人机训练时经常多架飞机与遥控器混用，在前一日飞行训练中，无人机 A 与遥控器 B 配对使用，当日飞行前无人机 A 与遥控器 A 对频，此时遥控器 B 也在现场使用中，虽然对频灯指示正常，但实际无人机仍然与遥控器 B 配对中，因此发生遥控器 A 不起作用，在一旁的遥控器 B 的异常操作导致了无人机异常启动和坠机事故的发生。

通常情况来讲，无人机异常的自主动作均是由地面站或遥控器发出的错误指令导致，遥控多对一是常见的原因之一。还有一些原因如自动执行安全策略等均会导致无人机异常自主动作。因此，要了解无人机各项安全策略设置，在航前做好各项检查工作，对频工作要在无干扰、无线电环境良好的地点进行。

3. 杆量反馈异常

在某次飞行训练过程中，操作人员明显感到无人机在打副翼及方向过程中，无人机反应迟缓，此时操作人员将飞机迅速拉回起飞点降落。经检查为一个螺旋桨部分碎裂，正常飞行时动力尚可由转速补偿，但在特殊操作情况下无法满足响应要求。

在某次巡检作业中，操作人员使用超视距飞行模式操纵一六旋翼无人机进行作业，作业过程中操作人员在图传中发现画面向左下方发生歪斜，随后画面向歪斜方向中速运动，操作人员立刻猛推油门阻止无人机向下坠落，但收效不明显，随后无人机坠落。对无人机残骸进行仔细检查后发现，有一机臂桨叶可能在坠机前就已断裂，俗称"射桨"。由于该飞机飞控策略设置问题，无法补偿射桨造成的动力损失和不平衡，最后导致坠机。同时要指出，除FPV模式下，带有云台的画面如果发生歪斜，基本意味着无人机姿态已经超出了相机云台的补偿范围或补偿速度，已经发生了严重故障。

在某次巡检作业中，无人机上电自检正常，在解锁后，各旋翼可以正常怠速旋转，但在推油门杆后，无人机转速增加明显，噪声增大，但无人机毫无起飞的趋势。经检查为无人机桨叶全部装反，造成无人机失去向上动力。

杆量反馈异常情况通常是由无人机机械结构异常造成的，也有少部分是因为遥控器、接收机的设置原因或电子故障导致。如果在飞机发生姿态异常情况的同时出现杆量反馈异常，通常是飞机发生严重故障，此时操作余地很小，应急操作应以尽可能减少坠机损失为原则。

4. 控制响应错误

控制响应错误为常见故障现象。在起飞前，无人机通常可以正常解锁，螺旋桨进入怠速旋转状态，但是推油门时飞机异常前倾或没有响应；或在空中接手其他作业人员的无人机后，发现无人机响应与所操作杆响应不一致，一般有以下两种原因。一是遥控器模式问题。因为遥控器有三种常见操作模式，分别为日本手、美国手和中国手，三种模式下的操纵杆所代表的无人机响应并不相同，如日本手中的俯仰杆对应美国手中的油门杆，在航前检查中如果不仔细检查遥控器模式设置，就容易发生此种事故，轻则无法起飞，重则在空中操纵异常，发生坠机事故。维护维修后的无人机也容易出现此种故障。同一部门的无人机操作人员尽量使用同一种操作模式，防止经常更换无人机操作模式导致的事故。

二是接收机与飞控链接错误，接收机与飞控链接通道发生混乱，或者使用 sBUS 接收机通道设置发生错误，就会出现打杆反馈错误的问题。此种问题通常要在航前检查中被检查出来。

3.6.3.2　图传信号出现异常

通常来讲，在无人机巡检作业中，图传信号是获取飞机相关信息最多的，也是主要集中注意力关注的，同时图传信道也是最容易被干扰的，图传信号干扰往往是事故的前兆。下面讲解图传信号常见故障征兆及原因。

1. 图传出现雪花

模拟图传在信号弱或受到干扰时会出现雪花现象。模拟图传是使用模拟信号传输视频信息的,类似于早期使用天线接收信号的电视,经过简单的调制和解调就可以将视频信息从无人机传回地面站监控屏中。理论上,模拟图传是几乎没有延迟的,实际上的模拟图传的延迟来自电子元件和屏幕的响应速度,一般都在 50 ms 以下。

模拟图传在受到干扰时会出现明显的雪花现象,影响视频信息的观看,但并不影响图传信号的及时性。此时,应判断是由于距离远导致信号减弱,还是受到了其他干扰导致。一般来讲,出现雪花现象说明作业环境不理想,应及时返回。

2. 图传出现色条、卡顿

数字图传在出现问题时会出现蓝、绿、黑色条或者卡顿刷帧现象。数字信号是在接收端将视频信号直接转换成数字信号,经载波调制再传输到地面端,图传接收设备通过处理将数字信号解码成为图像信号显示在屏幕上。数字图传通常有较大延迟,一方面来自屏幕等元件的自然延迟,另一方面来自编码和解码处理器的运算速度,因此数字图传一般延迟在 200 ms 左右。数字图传出现问题时不像模拟图传那样会产生雪花,而是发生色条或卡顿,这是由于整个过程数据丢包造成的。

数据丢失可能有三个原因。一是信号弱,数据在接收端不完整,出现卡顿等现象。二是受到干扰,数字图传和模拟图传受到干扰的原理略有不同,从原理上说都是干扰信号在图传数据传输频点处有频率相同或相近的一定功率干扰信号,或者干扰信号的高次谐波覆盖传输频点造成数据干扰。模拟图传的干扰会完全反映在图像上,也就是雪花,而数字图传有一定的干扰阈值,在载波信号上一定程度的干扰不足以改变加载的数字信号,因此抗干扰性能略强。图传技术中存在跳频技术,可以人工或自动选择干扰最小的频点进行数据传输,可以在一定程度上提升抗干扰能力。三是图传设备发热,数字图传依靠芯片进行编码和解码,工作量很大,发热也比较严重,相关芯片温度会影响其运算能力,在持续工作、环境温度过高或散热条件不好的情况下,也会出现卡顿等现象,数字图传耐高温能力低于模拟图传。出现图传故障征兆时,应仔细考虑无人机运行情况,包括连续作业时间、飞行距离、电磁环境等因素,综合判断故障原因。

在某次无人机作业时,无人机距离起飞点 300 m,高 20 m,周围没有任何障碍物,在横向飞行时,图传信号突然全无,地面站上不显示任何数据,疑似飞机失联。但发现遥控器上飞行数据仍然在跳动,并且变化不大,打杆后部分参数有变化,说明遥控器与飞机数传及控制通道良好,且无人机处于悬停状态,立刻在遥控器上执行返航操作,后成功回收无人机。

一般架空输电线路无人机巡检作业都是在超视距模式下进行,图传出现问题会很大程度影响作业人员进行操控,图传卡顿会造成操作延时,在进行精细化巡检等距离目标和障碍物较近的时候极容易发生危险。同时,图传信号对外界干扰也最为敏感,当图传系统出现问题时,要及时停止操作,判断干扰源,谨慎进行下一步操作。

3.6.3.3 飞机姿态出现异常

超视距飞行时是无法直接观测到无人机的飞行姿态的,主要依靠图传、数传、杆量甚至是飞机运行声音来感知。下面结合事故案例讲解飞机姿态相关的故障。

1. 无人机异常切换姿态模式

在某次无人机练习作业中,操作人员驾驶无人机靠近一通信铁塔,无人机图传信号明显受到干扰,在继续靠近过程中发生 GPS 信号受干扰等故障提示,飞机进入姿态模式。远离通信铁塔后干扰消失,飞机恢复正常。无人机常用通信频段一般为 2.4 GHz,相近频段的大功率信号源均会对无人机通信甚至传感产生影响。通信行业从 2G 时代到 4G 时代,常用频段从 800 MHz 逐渐转移到 2.7 GHz(各运营商频段分布不同),5G 更是使用了 3 GHz 到 5 GHz 的频段。4G 信号的指向性平板天线对无人机的干扰最为明显。因此,在航线规划上要尤其注意通信铁塔,不仅因为通信塔一般较高,还要考虑到通信塔的干扰问题。

在架空输电线路无人机精细化巡检作业中,经常需要无人机到距离带电部位很近的点位进行拍摄,高电压等级输电线路电磁场较为强大,经常导致无人机磁罗盘失灵或干扰GPS 信号。如果干扰过强,无人机会切换为姿态模式,此时无人机虽能保持姿态,但无法保证自身位置,极容易发生事故。此种情况在日常巡检中经常发生,需要作业人员熟练掌握无人机基本飞行技能,能完成超视距姿态模式飞行。

2. 无人机无法保持姿态

在某次无人机通道巡检作业中,无人机状态一切正常,在通过某点时,无人机地面站突然报姿态异常,指南针异常,显示进入姿态模式,在图传中看到画面发生歪斜。在姿态模式下,无人机在静止悬停时应为水平状态;GPS 模式下,无人机静止悬停会根据空气相对运动方向有一定倾斜。前文中提到,带有非 FPV 模式下的云台歪斜通常是无人机不能保持飞行姿态的表现。此时,无人机已经进入类似手动模式,随后操控无人机返航,在继续飞行十几米后,无人机各系统依次恢复正常,降落后经检查无人机系统本身无异常。经过多次在事发点飞行,发现在该点附近很小一个区域内会发生该现象,此处周围有各专业实验室等,因此判断是某种指向性干扰源,具有类似于无人机干扰枪的作用,不仅阻碍无人机通信功能,还会干扰无人机各类传感器正常工作。遇到指向性干扰源应及时避开,并对该地区做好特殊区域标注,逐渐完善特殊区域台账。

3. 无人机结构异常

某次无人机精细化巡检作业,使用一六旋翼折叠桨无人机,在无人机起飞后,发现无人机声音略有不同,观察图传信号发现画面不稳定,在不停晃动。立即将无人机返航后进行仔细全面检查,发现无人机某一轴上使用的折叠桨两枚桨叶为同型号不同品牌产品,质量有几克的差距,导致螺旋桨在转动时发生偏心振动。此次故障未酿成事故,暴露出航前检查不严格、流于形式、维护保养工作不认真不到位的问题。

某次春天无人机训练,目的是检查冬季较长时间未使用无人机状态。发现某架无人机在启动怠速和低空悬停过程中某电机旋转声音不同。落地检查后发现该飞机 M1 电机转动发涩,疑似进沙。经过拆解发现该电机中心轴发生极轻微变形,导致转动时与壳部发生摩擦。分析原因可能是上次使用时发生事故,桨叶或电机与障碍物发生碰撞导致。更换电机后故障消除。

无人机结构异常导致的故障基本能从航前检查中发现,声音是最直观反映动力系统机械故障的征兆。需要作业人员熟悉常用机型的飞行声音,严格执行航前检查和起飞后悬停检查,不能流于形式或疏忽此步骤,任何异常声响都表明机体结构出现问题。同时,也需要利用图传、数传等相关信息综合判断。

某次无人机精细化巡检作业,作业结束匀速返航过程,无人机飞行速度约 10 m/s。突然发生无人机掉高,虽然不是自由落体速度,由于返航高度并不高,几乎没有操作时间,发生坠机事故。收集残骸后检查发现是某电机的电调烧毁,由于坠机前并没有激烈操作,航前检查中电调自检正常,因此判断为元器件质量问题导致事故。

结合编者多年运行经验,由于本体质量故障造成的事故极为罕见。大部分事故都能从设置、检查、操作、环境中找到人为失误原因。因此,无人机驾驶员需要不断提高自身综合水平,从容面对各种故障,避免酿成事故。

3.6.3.4　数传信号出现异常

数传信号是指无人机与地面站实时沟通传输的飞机姿态、飞行参数、参考坐标等相关信息,与图传信号和控制信号不同,数传信号是双向的,既有无人机向地面站传输的相关状态信息,也有地面站向无人机发出的相关指令信息,整体数据量不大。数传信号一般使用低频电台通信,常用频率为 433 MHz 和 900 MHz 等,信号频率越低,绕障等传输能力就越强。因此,数传信号的实时性和可靠性都很高。数传信号往往是最先反应无人机状态变化的信息。

在地面站上,数传信号主要为飞机状态信息,包含高度、速度、电量、姿态、飞行模式、飞机位置等信息。理论上,无人机巡检作业人员应该掌握仪表飞行能力,即只通过数传信息控制无人机完成相应作业。下面讲解与故障相关的数传信息。

1. 高度信息

无人机高度信息通常为无人机与起飞点的相对高度。飞行中要时刻注意飞机高度,在超视距飞行中,高度是最能保证飞机安全的参数。作业人员应该了解无人机巡检路径上障碍物及巡检目标的高度,在飞行过程中应时刻保持无人机高度高于障碍物高度;在翻越杆塔作业时,要时刻关注无人机高度。

此处有一测量杆塔及其他障碍物高度的方法。即令无人机云台垂直方向回中,也就是保证无人机云台水平,在设置中调出中心点指示,此时图传画面中中心点所对应的位置高度就是无人机数传信号中的高度。在要求精度不高的情况下,可以使用该方法快速测量高度。该方法也是粗测杆塔高度的方法,以方便翻越杆塔。

2. 速度信息

无人机速度信息是指无人机相对于地面的速度。在 GPS 模式下悬停,地速应为 0;在姿态模式下悬停,地速就是空速。

要熟悉无人机相应速度下的杆量和手感。特别要熟悉无风情况下,无人机在 10 m/s 时的手感。一般巡检作业中,通道巡检、精细化巡检中最大飞行速度都应保持在 10 m/s。逆风推杆速度增加时能感觉到明显吃力,熟悉该速度可以轻松知道高空位置风力大小。大疆等无人机在风力过大时也会发出报警信号。同时,无人机发生动力相关故障时,也可通过推杆手感感受到异常。

3. 电池电量

无人机地面站都有反映电池电量的功能,通常无人机会设置报警电量,低于该值时会发出报警信号。常用的大疆多旋翼无人机还提供了返航电量和迫降电量。根据无人机飞行距离和电池剩余电量,地面站会动态给出一个可以安全返航的电池电量点,要时刻关注电池电量不要低于返航电量,否则容易发生事故。

在无人机进行通道巡检时,应该按照逆风方向飞行,无人机电池电量估算是按照距离估算的,无人机逆风飞行会消耗更多的电量。当返航时,无人机为顺风飞行,电量消耗会小于估算值,从而保证无人机安全。

4. 姿态信息

无人机姿态信息主要指无人机地面站上的姿态球。姿态球是无人机操作人员最直接感受飞机姿态的信息。根据姿态球信息,配合速度信息,可以轻松知道无人机所处环境中的风速等情况。

在发生故障时,姿态球是最直观反映飞机姿态信息的数据,如前面事故中无人机异常歪斜,姿态球肯定先于图传信息表现出故障征兆。同时,在姿态模式和手动模式下,姿态信息是控制无人机状态最重要的信息。故应养成时刻关注姿态球信息的习惯。

在大疆无人机姿态球外围还有无人机动力输出指示,分为绿色、蓝色和红色区域,当进入红色区域时,说明无人机动力输出已经饱和,无法继续输出更大的动力,在此区域作业意味着没有应急动力可以使用,要关注无人机动力输出情况。如果在强风下无人机动力输出频频进入红色区域,意味着已经达到该无人机的抗风极限,不能保证安全作业。

5. 飞行模式

常规多旋翼无人机飞行模式有手动模式、姿态模式、GPS 模式,常用的大疆多旋翼无人机还有如功能模式和运动模式。

飞行模式变化,也是故障前兆。如前文所讲在许多情况下,无人机受到强干扰后会由 GPS 模式进入姿态模式。同时,在有些情况下,如无人机在程序自动飞行模式,如果发生异常情况需要紧急操作,将无人机模式迅速切换至 GPS 模式,可以避免许多事故发生。

6. 飞机位置

无人机在运行过程中,会在地面站地图上留下飞行轨迹,飞行轨迹也是反映故障的有用信息。

在某次无人机通道巡检作业中,无人机应按照预定坐标飞出一条直线轨迹,地面站上切至地图模式监控无人机飞行。但是在飞行过程中无人机由原来的直线航迹变为带锯齿的航迹,查看飞行告警信息发现无人机 GPS 信号和磁罗盘受到干扰,导致无人机定位不连续,因此在航迹上体现为锯齿状。航迹信息的其他作用就是在发生无人机坠机事故后确定无人机坠机位置时使用,根据航迹消失位置查找无人机残骸。

以上就是多旋翼无人机常见故障所能表现出的各类故障征兆,下一节讲解如何针对故障预判信息进行应急操作。

3.6.4　应急操作办法

无人机应急操作的核心和基础是冷静。

快速判断无人机故障原因,及时采取应对措施,掌握常见无人机故障原因及针对解决办法。

每个无人机操控人员遇到故障情况不会很多,因此看到无人机故障信息难免会紧张,导致无法根据所学知识有效进行操作。第一时间的冷静会使故障处理有更好效果。

根据上节内容,每次发生故障往往只有一处,但是该故障可能会导致图传、数传、控制、姿态信息发生变化,需要综合分析各信息,根据故障征兆初步预判故障原因后,就要作出应急操作来挽救无人机。

1.机械相关故障

无人机飞行中机械故障一般表现出飞行姿态、电机转动速度、振动幅度等出现异常,其中还包含无人机进入微气象区等情况。机械故障极容易酿成事故。

当无人机发生如机身异常振动等机械故障,应立即手动操作返航,大部分机械故障都会造成动力损失,不能坚持作业。如果无人机发生机械故障,且不能保持姿态、有坠机的趋势,应立即在作业点下方寻找安全区域立即迫降,推油门尽可能减缓坠落速度。

如果发生射桨等严重故障,无人机失去部分动力且纵轴扭矩不能平衡,四旋翼无人机会开始自旋,六旋翼无人机根据飞控安全策略不同,可能发生自旋,也有可能自动平衡动力及扭矩。遇到此类事故需要等 1 s 左右,观察无人机飞控安全策略,如四旋翼无人机大疆悟 2 可以在断一桨的情况下进入近似无头模式,扭矩不平衡但保持动力,作业人员有充足时间将其控制到附近安全区域降落;六旋翼或更多轴无人机如果 1 s 后不能平衡,那么需要根据飞机自旋方向的反方向打方向舵,控制舵量至无人机稳定,不要尝试返航,就近找安全区域降落。

部分无人机电机具备传感器,可将转速回传至地面站,可以看到无人机电机转速与无人机动力输出指示类似,当整体转速过高或者转速偏差过大时,无人机动力输出接近饱和或电机发生故障,维持自稳已经困难,此时应停止操作,使无人机悬停,查看无人机参数变化,根据二次信息判断故障,进一步采取迫降或者返航操作。

当无人机姿态异常、发生抖动,飞机姿态还能自稳,有可能是遭遇强风或微气象区,应操控无人机返航或者降低高度。这种天气不适合进行无人机巡检作业,继续作业可能发生更大的危险。

2.通信链路故障

控制链路出现故障是最为严重的,因为难以操控无人机进行任何动作。如果确定是控制出现问题,要确定是功能性失控,还是硬性失控。大部分失控是功能性失控,如进入特殊模式后对常规操作没有响应,这类故障只需要快速切换飞行模式,退出特殊飞行模式,重新掌握飞机控制权。如果是控制链路出现硬性故障,有两种方式处理故障:一是采取断信道的方式触发无人机的失控返航；另一种是通过数传给无人机下指令进行操作。还有一种特殊情况，无人机失控进入姿态模式后无法控制，持续随风远离起飞点，此时应果断采取停机坠落措施，尽量在可见安全范围内坠落。

3. 图传链路故障

图传链路是最容易受到干扰而发生中断故障的。常见图传中断有以下情形：跨塔或降低高度后图传中断，需要立即远离铁塔，并升高高度；超出一定距离后图传中断，需要操控无人机停止继续远离或执行返航操作，在飞行作业前保护策略设置好一键返航；如果图传确定发生了硬性故障，根据无人机位置、高度、速度、方向、姿态等信息，进行仪表飞行，将无人机返航。因此，姿态模式飞行和仪表飞行技能需要无人机驾驶员尽可能掌握。

4. 数传链路故障

目前很少有无人机作业主要依靠数传信号独立完成作业，且数传信号可靠性最高，因此数传链路故障通常不足以导致无人机事故，在发生数传链路故障时，仍要提高重视，停止作业，及时返航检查。

在无人机安全规定中明确说明了各通信链路中断时所需要采取的措施——在链路中断后，应原地悬停 1~5 min，等待链路是否恢复。现场作业中根据实际情况判断故障情况，再决定如何处置。

5. 传感器相关故障

传感器故障是常见故障，但也容易造成事故。现阶段无人机通常具备磁罗盘、GPS、三轴角速度和加速度传感器以及辅助飞行的双目视觉避障传感器、光流传感器、超声测距传感器、红外测距传感器等，容易引发事故的主要为前三个。磁罗盘十分容易受到干扰，除了需要在地面经常校准磁罗盘外，还需要在进强电磁场作业时高度注意无人机飞行模式变化。

在飞行过程中发现无人机 GPS 丢星、磁罗盘失效情况，通常是局部区域干扰过强造成，此时应当尽快飞离该区域；如果是近导线作业出现该情况，需要作业人员熟练掌握姿态模式飞行方法，操控无人机安全完成作业。

3.6.5　事故后续处置

如果应急操作未生效，发生坠机事故，则要按照事故后续处理流程进行事故处置。本小节重点讲解在事故处置流程中的飞行记录分析、事故现场处理和舆情控制三个部分。

1. 飞行记录分析

飞行记录分析主要目的有两个：一是搜寻失联飞机，二是分析事故原因。如大疆无人机在地面站主页中，可以调出飞行记录，在该界面下的无人机飞行记录已经大大简化，并且界面化，省略了许多数据，但对于简单分析已经足够，如图 3.141 和图 3.142 所示。

图 3.141　地面站主页

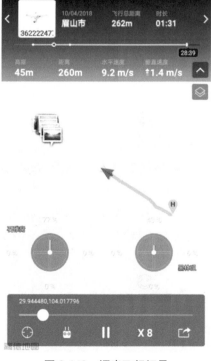

图 3.142　调出飞行记录

该飞行记录包括无人机飞行轨迹、拍照点位、操作杆输入量、飞行姿态相关数据（无人机垂直速度、水平速度、高度、距离）、GPS 坐标、电池电量、信号强度、故障告警等信息,基本可以完全还原无人机操作过程。根据无人机轨迹信息,可以快速定位无人机坠机位置,方便作业人员迅速赶到坠机事故地点。

根据飞行记录重演,可以看到无人机高度、速度、位置变化以及相关飞行信息,同时还可以看到作业人员在事故前所做操作。通过以上信息,可以初步判断无人机故障原因。如果简略版飞行记录不能满足故障分析要求,那么可以使用数据线从无人机内导出完整版飞行记录,使用 Dataview 查看包含所有传感器的飞行数据,综合分析事故原因,避免人为操作失误造成类似事故再次发生。同时,要对故障告警信号后的操作进行分析,总结应急操作经验。

2. 事故现场处置

前面已经讲解了事故处理流程,在无人机事故现场处理中,要尤其重视人身伤害问题。在进行完事故影响预评估后,要及时寻找无人机残骸,第一时间做好取证工作。取证工作一方面是为了无人机保险后期理赔使用,另一方面是为可能产生的纠纷留好证据。

做好现场隔离工作,保证现场不发生如火灾等二次灾害。隔离现场还是要保证将无人机事故尽量在时间、空间、人员上控制在一个较小范围内,防止无人机坠机事故酝酿发酵带来更大影响。

最后要及时上报,无人机坠机事故引发的次生灾害有可能是巡检作业人员无法控制的,需要及时告知公司管理部门,有效沟通信息,方便公司快速反应,一口对外。

3. 舆情控制

舆情灾害是无人机坠机事故的另一重大不良后果。无人机对于普通群众来讲仍属于新鲜事物,无人机巡检作业很容易引起周围群众的好奇,而发生坠机事故则更容易引起聚众围观。

在自媒体如此发达的今天,此类事件引发舆论广泛参与的速度是十分迅速的,低成本的转发和评论可以将事件迅速发酵、脱离控制而形成舆情灾害。

舆情灾害指面对突发事件,特别是负面事件,作为主体的民众对作为客观存在的事件或现象表达自己的信念、态度、意见和情绪等,当这些信念、态度、意见和情绪集聚汇总,其舆论影响范围空前扩大,并给当事人造成危机感的现象,无论事情正误好坏与否。

因此,在处理无人机事故时,要及时隔离现场,迅速完成现场处理工作,尽可能减少人员集聚和各种信息的泄露,避免与无关人员交流,作业人员不得私自接受记者等人员采访,及时同公司外联部门沟通,保证一口对外。

第 4 章　巡检数据处理

无人机巡检照片拍摄完成后,应对巡检照片进行位置命名及缺陷命名,并对照片进行归档,形成缺陷表及缺陷报告。位置命名应与现场实际相对应,并能够体现每个位置实际情况,缺陷命名应详细体现缺陷情况,完成命名的照片能够正确指导后续检修工作。

4.1　缺陷隐患识别

利用无人机进行巡检工作的基础是具备线路运行基本理论技能,首先应掌握线路缺陷类型及形成原因,并掌握常见缺陷发生位置,有利于无人机拍摄照片时拍摄角度及位置的选择。

4.1.1　缺陷类型

架空输电线路常见缺陷汇总见表 4.1。

表 4.1　架空输电线路常见缺陷汇总表

部件	部位	缺陷类型	缺陷简述
基础	杆塔基础	破损	基础混凝土表面水泥砂浆脱落、蜂窝、露石或麻面
			基础有钢筋外露
			阶梯式基础阶梯间出现裂缝
		沉降	因基础不均匀沉降,造成杆塔倾斜、变形、位移
		上拔	因基础变形,造成基础上拔、杆塔倾斜、位移
		回填不够	坑口回填土低于地面
		基础保护范围内取土	混凝土杆基础被取土
		杂物堆积	植物搭棚、杂物堆积
		易燃易爆物堆积	杆塔基础附近有易燃易爆物堆积
		余土堆积	因基础下方大量堆积余土,导致基础稳固受影响,使杆塔倾斜、变形等
		基础保护范围内冲刷及坍塌、滑坡、护坡倒塌	基础稳定受轻微影响
			基础稳定受明显影响
			因基础保护范围内河水冲刷、坍塌及滑坡、护坡倒塌,导致基础稳定受影响,产生基础外露、倾斜或位移
		防洪设施倒塌	因防洪设施损毁,造成严重水土流失,危及杆塔安全运行;处于防洪区域内的杆塔未采取防洪措施基础不均匀沉降或上拔
		防碰撞设施损坏	因防碰撞设施警告标识不清晰或缺失等,造成基础被碰撞,导致基础稳定受影响

部件	部位	缺陷类型	缺陷简述
杆塔	保护帽	破损	保护帽破损
		散水度	表面无散水度或散水度不足
		散水度不足、渗水、裂缝、未浇制	因保护帽散水度不足、渗水、裂缝、未浇制,造成塔腿锈蚀
	塔身	倾斜	因基础下沉等原因造成杆塔倾斜,影响线路稳定
		异物	异物悬挂
		锈蚀	镀锌层破损、失效,造成塔材锈斑、锈蚀、鼓包、剥壳
		歪斜	因基础、杆塔缺陷造成杆塔倾斜
	塔材	缺螺栓	因施工质量及环境影响造成缺螺栓
		缺塔材	缺少辅材,防盗防外力破坏措施失效或设施缺失
			缺少节点板
		变形	辅材变形或主材弯曲
		裂纹	主材、斜材、辅材有裂纹
	脚钉	松动	脚钉松动,攀爬中易影响人身安全
		锈蚀	脚钉锈蚀
		缺少	脚钉缺少
		变形	脚钉变形
	爬梯	缺失	爬梯缺失
		变形	爬梯变形
		锈蚀	有锈斑、锈蚀,出现坑注、鼓包现象
		断开	爬梯节点断开
		脱落	爬梯脱落
	拉线	锈蚀	拉线锈蚀或 UT 线夹锈蚀
		损伤	因摩擦或撞击受力不均导致拉线损伤断股或 UT 线夹被埋或安装错误,不满足调节需要或缺少螺帽
钢管杆塔	杆身	倾斜	塔身倾斜
		杆顶挠度偏大	直线钢管杆杆顶挠度超过设计值
		法兰盘损坏	法兰盘连接螺栓松动、缺失、裂纹等
		锈蚀	表面有明显锈斑
			有锈斑、锈蚀,出现坑注、鼓包现象
		法兰螺栓锈蚀	表面有明显锈斑
			内外均有锈蚀,出现坑注、鼓包现象
		焊缝	焊缝出现裂纹
			进水,引起塔身锈蚀
		损伤	表面擦伤
			表面擦伤或弯曲变形
		扭转	扭转

续表

部件	部位	缺陷类型	缺陷简述
钢管杆塔	横担护栏	锈蚀	表面有明显锈斑
			表面有明显锈斑或内外均有锈蚀,出现坑注、鼓包现象
		断裂	护栏出现裂缝
			护栏出现裂缝、折断、脱落
	爬梯	缺损	轻微受损
			轻微受损、缺失导致无法攀爬
		断开	断开
		脱落	脱落
		防坠装置失灵	失灵
混凝土杆	杆身	倾斜	倾斜
		裂纹	普通混凝土杆出现横向裂缝、纵向裂纹,有风化现象等
		钢箍保护层脱落	钢箍保护层脱落
		缺螺栓	杆身及金属横担、X 梁、爬梯等缺螺栓
		连接钢圈	连接钢圈锈蚀,焊缝出现裂纹
			表面有明显锈斑,出现坑注、鼓包现象
		抱箍	抱箍发生倾斜或变位
导线地线及 OPGW	本体	断股	导线断股、钢芯断股
		损伤	导线损伤未形成断股
		松股	松股
		跳股	跳股
		子导线鞭击	子导线鞭击
		子导线扭绞	子导线扭绞
		子导线粘连	子导线粘连
		弧垂偏差	弧垂偏差、相间弧垂偏差、同相子导线弧垂偏差
		异物	异物悬挂影响安全运行
		子导线断线	子导线断线
		附件松动	附件松动
		附件变形	附件变形
		附件损伤	附件损伤
		附件丢失	附件丢失
		接线盒脱落	接线盒脱落
		接地不良	接地不良
		引下线松散	引下线松散,对带电体安全距离不足

部件	部位	缺陷类型	缺陷简述
瓷质玻璃绝缘子	绝缘子	污秽	绝缘子表面污秽影响绝缘配置要求
		零值	绝缘子出现零值瓷绝缘子
		防污闪涂料失效	防污闪涂料失效或施工不符合工艺要求造成绝缘子爬距不足
		釉表面灼伤	绝缘子表面有灼伤痕迹
		串倾斜	悬垂绝缘子串顺线路方向偏斜
			悬垂绝缘子串横线路方向偏斜
		钢脚变形	钢脚变形
		锈蚀	钢脚锌层损失,颈部开始腐蚀
			绝缘子钢帽锌层严重锈蚀起皮,钢脚锌层严重腐蚀,在颈部出现沉积物,颈部直径明显减小,或钢脚头部变形
		破损	绝缘子瓷件釉面出现破损
	均压环	锁紧销缺损	锁紧销锈蚀、变形、断裂、缺失、失效
		均压环灼伤	均压环灼伤
		均压环锈蚀	均压环锈蚀
		均压环移位	均压环移位
		均压环损坏	均压环损坏
		均压环螺栓松动	均压环螺栓松动
		均压环脱落	均压环脱落
		招弧角灼伤	招弧角灼伤痕迹
		招弧角间隙脱落	招弧角间隙脱落
		掉串	绝缘子掉串
复合绝缘子	绝缘子	灼伤	表面灼伤
		串倾斜	悬垂绝缘子串顺线路方向偏斜
			悬垂绝缘子串横线路方向偏斜
		钢脚变形	钢脚变形
		锈蚀	钢脚锌层损失,颈部开始腐蚀
			绝缘子端部金具锌层严重锈蚀起皮,钢脚锌层严重腐蚀,在颈部出现沉积物,颈部直径明显减小,或钢脚头部变形
		护套破损	伞裙多处破损或伞裙材料表面出现粉化、龟裂、电蚀、树枝状痕迹等现象
			芯棒护套破损
		伞裙脱落	伞裙脱落
		芯棒异常	通过红外、紫外仪检测异常
		芯棒断裂	芯棒断裂

部件	部位	缺陷类型	缺陷简述
复合绝缘子	均压环	端部密封失效	端部密封失效
		掉串	绝缘子掉串
		憎水性丧失	憎水性丧失
		锁紧销缺损	锁紧销锈蚀、变形、断裂、缺失、失效
		均压环灼伤	均压环灼伤
		均压环锈蚀	均压环锈蚀
		均压环移位	均压环移位
		均压环损坏	均压环损坏
		均压环螺栓松动	均压环螺栓松动
		均压环反装	均压环反装
		均压环脱落	均压环脱落
		招弧角间隙脱落	招弧角间隙脱落
		金属连接处滑移	端部金具连接出现滑移或缝隙
悬垂线夹	船体	锈蚀	锌层(银层)损失,内部开始腐蚀
			表面出现腐蚀物沉积,受力部位截面明显变小
		挂轴磨损	挂轴磨损
		挂板锈蚀	挂板锈蚀,出现锈蚀鼓包、锈蚀起皮
		马鞍螺丝生锈	马鞍螺丝生锈,出现锈蚀鼓包、锈蚀起皮
		灼伤	有灼伤痕迹
		偏移	较设计有偏移
		断裂	断裂
	螺栓	松动	弹簧垫片未压平
			弹簧垫片松动
		脱落	螺栓脱落
		缺螺帽	挂板连接螺栓缺螺帽
		缺垫片	缺垫片
			船体挂轴缺平垫片
		开口销缺损	断裂、缺失、失效
			锈蚀、变形

部件	部位	缺陷类型	缺陷简述
耐张线夹	线夹本休	锈蚀	锌层(银层)损失,内部开始腐蚀
			表面出现腐蚀物沉积,受力部位截面明显变小
		灼伤	有灼伤痕迹
		滑移	线夹本体滑移
	引流板	裂纹	引流板裂纹
		发热	相对温差35%~80%或相对温升10~20℃及以上
	压接管	裂纹	压接管裂纹
		管口导线滑动	螺栓型线夹管口导线滑动
			压接型线夹管口导线滑动
		钢锚锈蚀	锌层损失,内部开始腐蚀
			表面出现腐蚀物沉积,受力部位截面明显变小
	铝包带	断股	铝包带断股
		松散	铝包带松散
	螺栓	松动	弹簧垫片未压平
			弹簧垫片松动
		脱落	螺栓脱落
		锁紧销缺损	锁紧销断裂、缺失、失效
			锁紧销锈蚀、变形
联接金具	U形螺丝	锈蚀	锌层(银层)损失,内部开始腐蚀
			表面出现腐蚀物沉积,受力部位截面明显变小
		灼伤	有灼伤痕迹
		缺螺帽	U形螺丝缺双螺帽
		开口销缺损	开口销锈蚀、变形、断裂、缺失、失效
	U形挂环	锈蚀	锌层(银层)损失,内部开始腐蚀
			表面出现腐蚀物沉积,受力部位截面明显变小
		灼伤	有灼伤痕迹
		缺螺帽	U形挂环缺螺帽
		销钉缺损	销钉锈蚀、变形、断裂、缺失、失效
	直角挂板	锈蚀	锌层损失,内部开始腐蚀
			表面出现腐蚀物沉积,受力部位截面明显变小
		灼伤	有灼伤痕迹
		锁紧销缺损	锁紧销锈蚀、变形、断裂、缺失、失效

续表

部件	部位	缺陷类型	缺陷简述
连接金具	碗头挂板	锈蚀	锌层损失,内部开始腐蚀
			表面出现腐蚀物沉积,受力部位截面明显变小
		灼伤	有灼伤痕迹
		锁紧销缺损	锁紧销锈蚀、变形、断裂、缺失、失效
	球头挂环	锈蚀	锌层损失,内部开始腐蚀
			表面出现腐蚀物沉积,受力部位截面明显变小
		磨损	轻微磨损,不影响正常使用
			严重磨损,影响正常使用
		变形	变形不影响电气性能或机械强度
			变形影响电气性能或机械强度
		灼伤	有灼伤痕迹
	延长环	锈蚀	锌层损失,内部开始腐蚀
			表面出现腐蚀物沉积,受力部位截面明显变小
		磨损	轻微磨损,不影响正常使用
			严重磨损,影响正常使用
		变形	变形不影响电气性能或机械强度
			变形影响电气性能或机械强度
		灼伤	有灼伤痕迹
	直角环	锈蚀	锌层损失,内部开始腐蚀
			表面出现腐蚀物沉积,受力部位截面明显变小
		磨损	轻微磨损,不影响正常使用
			严重磨损,影响正常使用
		变形	变形不影响电气性能或机械强度
			变形影响电气性能或机械强度
		灼伤	有灼伤痕迹
	YL 型拉杆	锈蚀	锌层损失,内部开始腐蚀
			表面出现腐蚀物沉积,受力部位截面明显变小
		磨损	轻微磨损,不影响正常使用
			严重磨损,影响正常使用
		变形	变形不影响电气性能或机械强度
			变形影响电气性能或机械强度
		灼伤	有灼伤痕迹

续表

部件	部位	缺陷类型	缺陷简述
连接金具	调整板	锈蚀	锌层损失,内部开始腐蚀
			表面出现腐蚀物沉积,受力部位截面明显变小
		磨损	轻微磨损,不影响正常使用
			严重磨损,影响正常使用
	连板	锈蚀	锌层损失,内部开始腐蚀
			表面出现腐蚀物沉积,受力部位截面明显变小
		磨损	轻微磨损,不影响正常使用
			严重磨损,影响正常使用
保护金具	阻尼线	位移	发生位移,影响防振效果
		断股	阻尼线断股
		灼伤	阻尼线有灼伤痕迹
	护线条	位移	发生位移
		断股	护线条断股
		破损	护线条破损
		松散	护线条松散
		灼伤	护线条有灼伤痕迹
	重锤	锈蚀	锌层损失,托架开始腐蚀
			表面出现腐蚀物沉积,受力部位截面明显变小
		缺损	重锤缺损影响导线和跳线风偏
	防振锤	滑移	防振锤滑移
		脱落	防振锤脱落
		锈蚀	防振锤锈蚀
		偏斜	防振锤偏斜
	屏蔽环	锈蚀	屏蔽环部分锈蚀
		损坏	屏蔽环损坏
		脱落	屏蔽环脱落
		灼伤	屏蔽环有灼伤痕迹
	子导线间隔棒	缺损	双分裂导线引流线间隔棒个别缺失或损坏
			间隔棒缺失或损坏
		位移	间隔棒安装或连接不牢固,出现松动、滑移等现象
	相间间隔棒	缺损	间隔棒缺失或损坏
		位移	间隔棒安装或连接不牢固,出现松动、滑移等现象
	回转式防舞间隔棒	缺损	间隔棒缺失或损坏
		位移	间隔棒安装或连接不牢固,出现松动、滑移等现象
	防舞鞭	位移	发生轻微位移
			位移较大,影响防舞效果

部件	部位	缺陷类型	缺陷简述
接续金具	接续管	导地线出口处鼓包	导地线出口处鼓包
		导地线出口处断股、抽头或位移	导地线出口处断股、抽头或位移
		弯曲	弯曲度大于 2%
		裂纹	接续管有裂纹
		发热	相对温差 35%~80% 或相对温升 10~20℃ 及以上
	并沟线夹	螺栓松动	未达到相应规格螺栓的拧紧力矩值
		缺损	并沟线夹缺失或损坏
		位移	并沟线夹位移
		发热	相对温差 35%~80% 或相对温升 10~20℃ 及以上
	预绞丝	散股	预绞丝散股
		断股	预绞丝断股
		滑移	预绞丝滑移
	接地体	外露	外露
		埋深不够	埋深小于设计值，或接地体外露
		接地沟回填土不足	接地沟回填土不足
		附近开挖	附近开挖
		接地沟回填土被冲刷	接地沟回填土被冲刷
		锈蚀	锈蚀严重，直径低于导体截面原值的 80% 及以上
		损伤	有明显裂纹
			断开
	引下线	断开	断开
		缺失	缺失
		锈蚀	锈蚀严重，直径低于导体截面原值的 80% 及以上
		浇在保护帽内	浇在保护帽内
	接地螺栓	缺失	缺失
		滑牙	滑牙
		锈蚀	锌层(银层)损失，内部开始腐蚀
			腐蚀进展很快，表面出现腐蚀物沉积，受力部位截面明显变小
	接地电阻	测量值不合格	测量值不合格

部件	部位	缺陷类型	缺陷简述
标志牌	杆号牌相序牌	图文不清	杆号牌(含相序)图文不清
		破损	杆号牌(含相序)破损
		缺少	杆号牌(含相序)丢失或未设
		挂错	杆号牌(含相序)挂错,与设备名称不一致
		内容差错	杆号牌(含相序)内容差错,与设备名称不一致
	色标牌	退色	色标牌退色
		破损	色标牌破损
		缺少	色标牌缺少,同杆多回路无色标标示
		挂错	色标牌挂错
	警告牌	图文不清	警告牌图文不清
		破损	警告牌破损
		缺少	警告牌缺少
		挂错	警告牌挂错
		内容差错	警告牌内容差错
航空标志	航空标志	破损	航空标志破损
		缺少	航空标志牌缺少
在线监测装置	在线监测装置	功能缺失	无信号或错误信号返回
		采集箱松动	信号采集箱松动、脱落
		元件缺失	监测装置元件缺失
		太阳能板松动和脱落	太阳能板松动、方向扭转、脱落
防雷设施	避雷器	松动	动摇较明显
			明显摆动
		脱落	脱落
		击伤	击伤
		脱离器断开	脱离器断开
		缺件	缺件
		缺螺栓	缺螺栓
		计数器进水	计数器进水
		计数器图文不清	计数器图文不清
		计数器表面破损	计数器表面破损
		计数器连线松动	计数器连线松动
		计数器连线脱落	计数器连线脱落
		馈线距离不足	馈线距离不足
		间隙破损	间隙破损
		支架松动	支架松动
		支架脱落	支架脱落
		炸开	炸开

续表

部件	部位	缺陷类型	缺陷简述
防雷设施	避雷针	松动	松动
		脱落	脱落
		位移	位移
		缺件	缺件
	耦合地线	断股	钢芯铝绞线、铝合金绞线断股截面不超过铝股或合金股总面积 7%,钢绞线 19 股断 1 股
			钢芯铝绞线、铝合金绞线断股截面占铝股或合金股总面积 7%~25%,钢绞线 7 股断 1 股、19 股断 2 股
			钢芯铝绞线、铝合金绞线钢芯断股或断股截面超过铝股或合金股总面积 25%,钢绞线 7 股断 2 股及以上、19 股断 3 股及以上
		伤股	铝、铝合金单股损伤深度小于股直径的 1/2,损伤截面不超过铝股或合金股总面积 7%,单金属绞线损伤截面积为 4% 及以下
			钢芯铝绞线、铝合金绞线断股截面占铝股或合金股总面积 7%~25%
			钢芯铝绞线、铝合金绞线钢芯断股或断股截面超过铝股或合金股总面积 25%
		锈蚀	表面有明显锈斑
			内外均有锈蚀,出现坑注、鼓包现象
		补修绑扎线松散	少部分松散
			大部分或全部松散,失去绑扎功能
防鸟设施	防鸟设施	松动	松动
		损坏	损坏
		缺失	缺失
ADSS	ADSS	支架螺丝缺失	支架螺丝缺失
		支架螺丝松动	支架螺丝松动
		支架脱落	支架脱落
		支架缺失	支架缺失
		灼伤	灼烧
		磨损	磨损
		接线盒脱落	接线盒脱落
		接线盒密封不良	接线盒密封不良
		掉线	掉线
		补修绑扎线松散	少部分松散
			大部分或全部松散,失去绑扎功能

4.1.2　无人机巡检常见缺陷示例分析

1. 基础缺陷

无人机巡检过程中应重点关注地面巡视人员因季节、环境等因素无法到达塔下进行检查的基础缺陷,利用无人机机动、灵活、无地形限制因素等特点解决地面运行人员无法进行巡视的盲点。

（1）保护帽破损,如图4.1所示。

图4.1　×××千伏××××线××#塔基础D腿保护帽破损

（2）基础余土堆积,如图4.2所示。

图4.2　×××千伏××××线××#塔基础A腿余土堆积

（3）基础杂物堆积,如图4.3所示。

图4.3　×××千伏××××线××#塔基础A腿杂物堆积

（4）基础沉降，如图 4.4 所示。

图 4.4　×××千伏××××线××#塔基础 D 腿下沉

2. 接地体缺陷

接地体缺陷与基础缺陷类似,常因季节、环境等因素无法到达塔下进行检查,所以需要利用无人机机动、灵活、无地形限制因素等特点解决地面运行人员无法进行巡视的盲点。

1）接地引下线缺陷

（1）断开,如图 4.5 所示。

图 4.5　×××千伏××××线××#塔基础 B 腿接地引下线断开

（2）锈蚀，如图4.6所示。

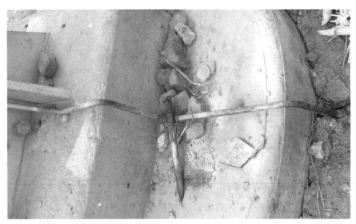

图4.6　×××千伏××××线××#塔基础B腿接地引下线锈蚀

2）杆塔缺陷

利用无人机巡检杆塔缺陷的优势在于使用无人机正摄时，由于杆塔为对称结构，通过正摄照片中各位置对比可以快速找出塔材螺栓等缺陷。

（1）塔材变形，如图4.7所示。

图4.7　×××千伏××××线××#塔地线支架AB面距塔身1.5 m处塔材变形

（2）混凝土杆裂纹，如图 4.8 所示。

图 4.8 ×××千伏××××线 ××#塔 A 腿主柱距地面 8 m 处有裂纹

（3）缺螺栓，如图 4.9 所示。

图 4.9 ×××千伏××××线 ××#塔地线支架 BC 面距塔身 0.5 m 处塔材螺栓丢失

（4）螺栓松动，如图4.10所示。

图4.10　×××千伏××××线　××#塔地线支架AB面距塔身4 m处塔材螺栓松动

（5）塔材锈蚀，如图4.11所示。

图4.11　×××千伏××××线　××#塔全塔锈蚀

（6）塔身异物，如图 4.12 所示。

图 4.12　×××千伏××××线××#塔下相塔身瓶口有 1 个鸟巢

3. 导地线及 OPGW 缺陷

架空输电线路架设环境复杂，线路走廊所经过地区多为山区、田地等，线下道路极少，地面巡视人员常见巡检方式为使用望远镜在地面进行多角度观察，但受地形限制严重，且因导地线线径、颜色、太阳光线等原因使得常规巡检方式难以发现导地线缺陷，尤其是线档中的缺陷，而利用无人机高空巡检，便可以随时沿着线路走廊逐点拍摄，完美解决了地面巡视人员巡检的不足。

1）导线缺陷

（1）断股，如图 4.13 所示。

图 4.13　×××千伏××××线××#塔小号侧上相上子导线引流线线夹出口处断 1 股

（2）散股，如图4.14所示。

图4.14 ×××千伏××××线 ××#塔大号侧上相上子导线距防振锤0.5 m处散股

（3）损伤，如图4.15所示。

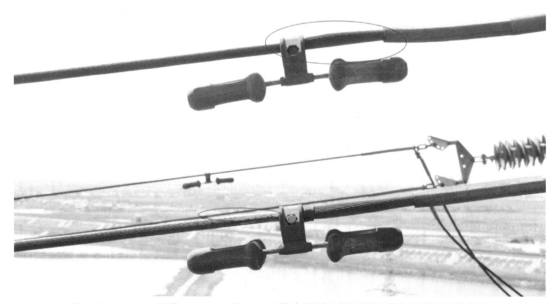

图4.15 ×××千伏××××线 ××#塔大号侧上相下子导线防振锤处导线损伤

（4）异物，如图 4.16 所示。

图 4.16　×××千伏××××线××#塔大号侧中相下子导线有异物

（5）附件松动，如图 4.17 所示。

图 4.17　×××千伏××××线××#塔大号侧下相上子导线引流板有一螺栓松动

2）地线及 OPGW

（1）损伤，如图 4.18 所示。

图 4.18　×××千伏××××线　××#塔地线大号侧线夹出口处一股损伤

（2）附件松动，如图 4.19 所示。

图 4.19　×××千伏××××线　××#塔小号侧地线附件松动

（3）散股,如图 4.20 所示。

图 4.20　×××千伏××××线××#塔小号侧光缆散股

4. 绝缘子缺陷

绝缘子缺陷中,除了自爆等明显缺陷外,裂纹、零值、球头磨损等缺陷多为地面巡视人员难以解决的难题,利用无人机高空拍摄则可以清晰地观察到更多细节,且利用无人机搭载红外设备可以高效地进行精测,避免了地面粗测难以发现问题,登塔精测对人身安全产生危险等诸多问题。

（1）绝缘子零值,如图 4.21 所示。

图 4.21　×××千伏××××线××#塔大号侧下相横担挂点端向导线端数第四片瓷质绝缘子零值自爆一块

（2）绝缘子防污闪涂料失效，如图 4.22 所示。

图 4.22 ×××千伏××××线 ××#塔大号侧下相绝缘子整串 PRTV 失效

（3）绝缘子破损，如图 4.23 所示。

图 4.23 ×××千伏××××线 ××#塔小号侧中相跳串横担挂点端向导线端数第十片瓷质绝缘子破损

（4）绝缘子灼伤，如图 4.24 所示。

图 4.24　×××千伏 ××××线 ××#塔上相悬垂串导线端芯棒放电灼伤

（5）均压环损坏，如图 4.25 所示。

图 4.25　×××千伏 ××××线 ××#塔下相横担端均压环损坏

（6）均压环脱落，如图4.26所示。

图4.26　×××千伏××××线××#塔下相导线端均压环脱落

（7）均压环位移，如图4.27所示。

图4.27　×××千伏××××线××#塔小号侧中相导线端均压环位移

（8）均压环变形，如图 4.28 所示。

图 4.28　×××千伏××××线××#塔上相导线端均压环变形

（9）均压环螺栓松动，如图 4.29 所示。

图 4.29　×××千伏××××线××#塔下相横担端均压环缺 3 个螺栓

5. 线夹缺陷

线夹缺陷中，利用无人机应该重点关注线夹螺栓及销钉问题，因螺栓及销钉较小，而杆塔较高,地面巡视人员使用望远镜观察很难看清二者状态,利用无人机可以很好地解决这类问题。

（1）悬垂线夹锈蚀,如图 4.30 所示。

图 4.30　×××千伏××××线　××#塔地线线夹锈蚀

（2）悬垂线夹偏移,如图 4.31 所示。

图 4.31　×××千伏××××线　××#塔地线线夹倾斜

（3）悬垂线夹开口销缺损，如图 4.32 所示。

图 4.32　×××千伏××××线 ××#塔下相导线端线夹螺栓缺开口销

（4）悬垂线夹螺栓松动，如图 4.33 所示。

图 4.33　×××千伏××××线 ××#塔地线线夹 U 形螺栓松动

（5）耐张线夹开口销缺损，如图 4.34 所示。

图 4.34　×××千伏××××线××#塔大号侧上相导线端耐张线夹引流板螺栓无开口销

5. 金具缺陷

金具是输电线路中各连接位置的重要组成部分，也是巡视中重点关注的部分，更是地面巡视人员最难巡视到位的部分，且同一基杆塔中金具极多，地面巡视人员巡视此类问题效率低且质量低，而无人机的优势就在于可以清楚反映细小部件的状态，所以利用无人机巡检时应对线路金具进行多角度、全方位的巡视，保证线路良好的运行状态。

（1）U 形挂环缺螺帽，如图 4.35 所示。

图 4.35　×××千伏××××线××#塔大号侧下相横担端 U 形环缺一个螺帽

（2）U 形螺栓缺螺帽，如图 4.36 所示。

图 4.36 ×××千伏××××线××#塔中相导线端线夹 U 形螺栓缺一个螺帽

（3）U 形螺栓开口销缺损，如图 4.37 所示。

图 4.37 ×××千伏××××线××#塔下相跳串横担端 U 形螺栓缺开口销

（4）调整板锈蚀，如图4.38所示。

图4.38　×××千伏××××线××#塔大号侧上相横担端调整板锈蚀

（5）碗头挂板锁紧销缺失，如图4.39所示。

图4.39　×××千伏××××线××#塔中相导线端碗头挂板缺一个开口销

（6）碗头挂板锁紧销失效，如图 4.40 所示。

图 4.40　×××千伏 ××××线 ××#塔中相导线端碗头挂板锁紧销失效

（7）直角挂板锁紧销缺损，如图 4.41 所示。

图 4.41　×××千伏 ××××线 ××#塔中相横担端直角挂板缺一个锁紧销

（8）并沟线夹缺损，如图 4.42 所示。

图 4.42　×××千伏××××线　××#塔大号侧地线并沟线夹缺一个螺栓及压板

（9）护线条松散，如图 4.43 所示。

图 4.43　×××千伏××××线　××#塔地线护线条散股

（10）防振锤滑移，如图 4.44 所示。

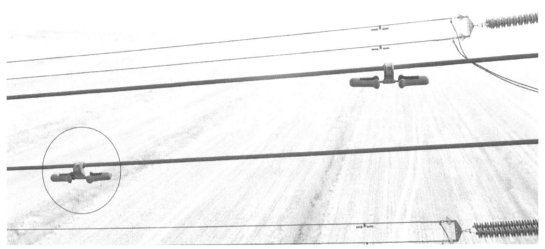

图 4.44　×××千伏××××线××#塔小号侧中相下子导线防振锤滑移 5 m

（11）防振锤脱落，如图 4.45 所示。

图 4.45　×××千伏××××线××#塔小号侧中相下子导线防振锤脱落

（12）防振锤锈蚀，如图4.46所示。

图4.46　×××千伏××××线××#塔小号侧中相上子导线防振锤锈蚀

（13）防振锤倾斜，如图4.47所示。

图4.47　×××千伏××××线××#塔小号侧地线防振锤倾斜

7. 附属设施缺陷

（1）标识牌破损，如图 4.48 所示。

图 4.48　×××千伏 ××××线 ××#塔塔杆号牌支架破损

（2）标识牌挂错，如图 4.49 所示。

图 4.49　×××千伏 ××××线 ××#塔塔杆号牌安装错误

（3）标识牌图文不清，如图4.50所示。

图4.50 ×××千伏××××线 ××#塔塔杆号牌警示牌图文不清

（4）标识牌缺少，如图4.51所示。

图4.51 ×××千伏××××线 ××#塔警示牌缺失

（5）防驱鸟设施松动，如图 4.52 所示。

图 4.52　×××千伏××××线××#塔中相双挂点鸟刺松动

（6）防驱鸟设施损坏，如图 4.53 所示。

图 4.53　×××千伏××××线××#塔下相双挂点驱鸟器损坏

4.1.3　缺陷描述规范

4.1.3.1　缺陷描述总原则

线路方向以杆塔号增加方向为正方向，即线路分大、小号侧。面向正方向分前、后、左、中、右。

架空地线分左、右地线。地线支架分左支架、右地线支架。导线分左、中、右相（垂直排列者分上、中、下相)或按相序分。四分裂导线需逆时针注明某相1、2、3、4线;导、地线压接管与导、地线分法相同,但必须注明压接管距某杆塔的距离(或距第几个间隔棒的距离)。间隔棒要写明某相某档第几个,再按接近某杆塔由近及远计数。

导、地线缺陷必须写明在某档中的位置及详细情况,并沟线夹由后向前依次计数。

导、地线防振锤从杆塔中心向前、后侧依次计数,应写明防振锤型号,移位要写明与杆塔的距离。

绝缘子串分左、中、右相(垂直排列者分上、中、下相)或按相序分。耐张绝缘子串还应分大、小号侧。双串绝缘子要分左、右串(或大、小号侧)

绝缘子片数从横担向导线依次计数。其缺陷必须写明是否为低、零值,破损面积(单位为 cm²),自爆等情况,并写明绝缘子位置、型号、色别。绝缘子串偏斜要写明偏斜方向、度数或距离(单位为 mm)。

杆塔段按自然位置描述。双杆塔分左、右杆塔;铁塔分塔头及塔身上、中、下段;杆塔的前、后侧和左、右侧按线路正方向统计。

横担分导线横担、地线横担、左横担头、右横担头。单杆塔和垂直排列者,按其横担导线相位描述。

塔材应注明规格及尺寸、塔材号、数量。

拉线按左、右腿的前、后侧分为杆塔内、外角拉线。拉线分上楔、钢绞线、下楔、拉线棒、基础。拉线锈蚀要注明拉线规格和锈蚀的详细情况

基础、接地装置按顺时针分 A、B、C、D 腿。接地装置由接地引下线和接地网组成,记录缺陷时要写明确。

防护区内缺陷必须写明某档前后杆塔号,距最近某相垂直和水平距离,在该档中距某杆塔距离,其交叉跨越物或建筑物归谁所有,详细地址,并注明当时温度。

防护区内树木应写明树种、树径、数量(棵)、距导线垂直或水平距离(单位为 m)、树主。超高的树木要说明超高多少米。

缺陷和文字难以详细表达时,应附图说明。

4.1.3.2　常见缺陷描述示例

1. 鸟巢缺陷

千伏线　#塔位置有鸟巢

示例:××× 千伏 ××× 线 ××#塔塔身瓶口位置有鸟巢

其中塔头、横担和地线支架部分如下。

1)××× 千伏 ××× 线 ××#塔上 / 中 / 下横担 / 地线支架位置有鸟巢

示例:××× 千伏 ××× 线 ××#塔下横担绝缘子串正上方有鸟巢。

2)××× 千伏 ××× 线 ××#塔上 / 中 / 下横担大 / 小号侧位有鸟巢

示例:××× 千伏 ××× 线 ××#塔下横担大号侧导线端均压环位置有鸟巢。

2. 防振锤缺陷

千伏线　#塔号侧相线防振锤

×××千伏×××线××#塔上/中/下相大/小号侧上(左)/下(右)子导线防振锤

示例:×××千伏×××线××#塔下相小号侧上子导线防振锤滑移约 5 m。

3. 基础缺陷

千伏线 #塔基础腿存在问题

示例:×××千伏×××线××#塔基础 C 腿保护帽破损。

4. 螺栓缺陷

千伏线 #塔面靠近腿侧距地 米存在(普通/防盗)螺栓/螺母/防松片/防盗楔问题

1)下横担以下部分

×××千伏×××线××#塔××面靠近××腿侧距地××米存在××。(按照两个脚钉的间距为 450 mm 计算)

示例:×××千伏×××线××#塔 AB 面靠近 A 腿侧距地 5 m 防盗螺母缺失。

2)塔头部分,横担和地线支架部分

×××千伏×××线××#塔上/中/下横担/地线支架/AB/BC/CD/DA 面/上面/下面距塔身××米存在××问题。

示例:×××千伏×××线××#塔下横担 AB 面距塔身 2 m 螺栓错孔。

3)塔头部分,下横担以上塔身部分

×××千伏×××线××#塔上中横担/中下横担/上横担和地线支架之间 AB/BC/CD/DA 面存在××问题。

示例:×××千伏×××线××#塔上中横担之间 AB 面辅材螺栓缺失。

5. 塔材缺陷

千伏线 #塔(腿/ 面)(材号)塔材

1)下横担以下部分

×××千伏×××线××#塔××面××塔材××问题(或靠近××腿距地××米塔材××

示例:×××千伏×××线××#塔 AB 面 1002#塔材缺失。

示例:×××千伏×××线××#塔 AB 面靠近 B 腿距地 10 m 塔材变形。

2)塔头部分、横担和地线支架部分

×××千伏×××线××#塔上/中/下横担/地线支架/AB/BC/CD/DA 面/上面/下面距塔身××米存在××问题。

示例:×××千伏×××线××#塔下横担上面距塔身 4 m 塔材严重锈蚀。

3)塔头部分、下横担以上塔身部分

×××千伏×××线××#塔上中/中下横担/上地线支架之间 AB/BC/CD/DA 面存在××问题。

示例:×××千伏×××线××#塔中下横担之间 BC 面辅材错孔。

6. 脚钉缺陷

千伏线　＃塔腿距地　米脚钉

×××千伏×××线××＃塔A/B/C/D腿距地××/××米脚钉缺失。

示例：×××千伏×××线××＃塔D腿距地15 m脚钉缺失。

7. 绝缘子缺陷

耐张串：千伏线　＃塔　号侧相横担挂点端向导线端数第片复合/玻璃/瓷质绝缘子

悬垂串：千伏线　＃塔　号侧相横担挂点端向导线端数第片复合/玻璃/瓷质绝缘子

1) 耐张串：×××千伏×××线××＃塔大号侧上相横担挂点端向导线端数第××片××绝缘子××

示例：×××千伏×××线××＃塔大号侧上相横担挂点端向导线端数第3片瓷质绝缘子自爆。

2) 悬垂串：×××千伏×××线××＃塔小号侧下相横担挂点端向导线端数第××片××绝缘子××

示例：×××千伏×××线××＃塔小号侧下相横担挂点端向导线端数第3片玻璃绝缘子钢帽锈蚀。

8. 防驱鸟设施缺陷

千伏线　＃塔相挂点防鸟刺/驱鸟器

×××千伏×××线××＃塔上/中/下相单/双挂点防鸟刺缺失××个。

示例：×××千伏×××线××＃塔上相双挂点防鸟刺缺失2个。

9. 间隔棒缺陷

千伏线　＃塔相大/小侧第　个间隔棒

×××千伏×××线××＃塔上/中/下相大/小侧第××个间隔棒损坏。

示例：×××千伏×××线××＃塔中相小号侧第2个间隔棒损坏。

10. 开口销缺陷

千伏线　＃塔号侧相上的开口销

×××千伏×××线××＃塔大/小号侧上/中/下相导线端/挂点端具体到哪块金具上的开口销问题。

示例：×××千伏×××线××＃塔小号侧下相导线端直角挂板开口销缺失。

11. 均压环缺陷

千伏线　＃塔号侧相均压环

×××千伏×××线××＃塔大/小号侧上/中/下相挂点端/导线端均压环损坏/脱落。

示例：×××千伏×××线××＃塔小号侧下相导线端均压环损坏。

12. 导线断股

千伏线　＃塔相导线

×××千伏×××线××-××＃塔大/小号侧上/中/下相上(左)/下(右)子导线

位置导线。

示例：××× 千伏 ××× 线 ××# 塔大号侧下相下子导线线夹出口处导线断股。

示例：××× 千伏 ××× 线 ××# 塔小号侧下相下子导线档距中央导线散股。

4.1.4　无人机巡检数据提交要求

4.1.4.1　无人机巡检数据清单及文件提交格式

（1）原始图像数据（未经压缩、编辑修改的照片或视频）。

（2）缺陷图像数据（已标注缺陷的照片或视频）。

（3）无人机巡检作业清单（excel 格式）。

（4）巡检作业报告（word 或 pdf 格式）。

（5）空域申请记录（已盖章签字的 pdf 扫描文件）。

（6）无人机巡检作业现场勘察记录单（word 或 pdf 格式）。

（7）无人机巡检作业工作票（word 或 pdf 格式）。

4.1.4.2　无人机巡检数据提交形式（图 4.54）

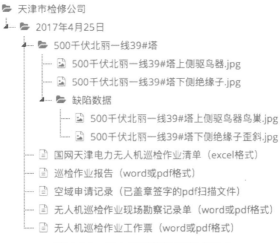

图 4.54　无人机巡检数据提交形式

无人机巡检数据应以文件夹形式进行整理，格式如图 4.55 所示。

（1）一级文件夹以公司命名。

（2）二级文件夹以作业时间命名，其中包含：

①原始图像数据文件夹（内含未经压缩、编辑修改的照片或视频）；

②无人机巡检作业清单（excel 格式）；

③巡检作业报告（word 或 pdf 格式）；

④空域申请记录（已盖章签字的 pdf 扫描文件）；

⑤无人机巡检作业现场勘察记录单（word 或 pdf 格式）；

⑥无人机巡检作业工作票（word 或 pdf 格式）。

（3）原始图像数据文件夹以电压等级＋线路名称＋杆塔号命名。

（4）原始图像数据文件夹下的缺陷图像数据文件夹以缺陷数据命名，其中包含已标注缺陷的照片或视频。

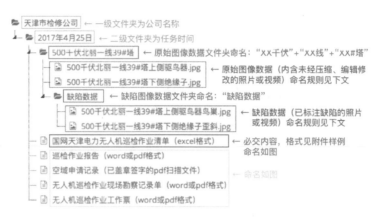

图4.55　无人机巡检数据以文件夹形式整理

4.1.4.3　无人机巡检图像数据命名规范

1. 原始图像数据命名规范

1）直线塔图像命名规范

电压等级＋线路名称＋杆塔号＋相位或电压等级＋线路名称＋杆塔＋（左、中、右）侧或（上、中、下）侧

注意：电压等级单位为"千伏"，而非"kV"；线路名称以"线"结尾；杆塔号以"#塔"结尾。

例如：500千伏北丽一线10#塔A相或500千伏北丽一线10#塔左侧。

2）耐张塔图像命名规范

电压等级＋线路名称＋杆塔号＋相位＋大号侧（或小号侧）＋缺陷或电压等级＋线路名称＋杆塔＋（左、中、右）侧或（上、中、下）大号侧（或小号侧）＋缺陷

注意：电压等级单位为"千伏"，而非"kV"；线路名称以"线"结尾；杆塔号以"#塔"结尾。

例如：500千伏北丽一线10#塔A相大号侧或500千伏北丽一线10#塔左侧大号侧。

3）状态照片命名规范

电压等级＋线路＋杆塔＋状态照片（整体、塔头、左（右）侧导地线金具）

注意：电压等级单位为"千伏"，而非"kV"；线路名称以"线"结尾；杆塔号以"#塔"结尾。

例如：500千伏北丽一线10#塔左侧导地线金具。

4）飞行视频命名规范

电压等级＋线路名称＋可见光（红外或紫外）录像＋日期（六位）＋序号（两位）

注意：电压等级单位为"千伏"，而非"kV"；线路名称以"线"结尾。

例如：500 千伏北丽一线红外录像 20121201。

2. 无人机巡检缺陷图像数据命名规则

原始图像数据命名 + 缺陷描述

4.1.5 无人机巡检作业清单

无人机巡检作业清单见表 4.2。

表 4.2 无人机巡检作业清单

序号	单位（××公司）	电压等级（千伏）	线路名称	线路类型（验收线路/新投线路/日常巡视/故障巡视）	巡检日期（××××/××/××）	业务性质（自有机型/租赁机型/外包业）	无人机机型（小型旋翼/中型旋翼/大型旋翼/固定翼）	无人机型号	小型旋翼巡检杆塔数（基）	起止杆塔号（××号—××号）	固定翼巡检长度（千米）	巡检时间（分钟）（滞空时间）
电力无人机巡检作业清单（×× 年 ×× 月—×× 月）												
1	××公司	×××	××线	日常巡检	2017/6/9	自有机型	小型旋翼	悟 1	215	215号—211 号	0	35
2	××公司	×××	××线	日常巡检	2017/6/13	外包业务	小型旋翼	悟 2	215	190号—197 号	0	15

缺陷数量（处）	杆塔号（××号、××号）	具体描述（1.××号某某缺陷；2.××号某某缺陷）	缺陷分类（处）			缺陷部件（处）							
			一般	严重	危急	导地线	杆塔	基础	接地装置	金具	绝缘子	附属设施	通道环境
10	212 号，214 号	1.××× 千伏 ×× 线 212# 塔左相上子导线线夹出口处导线断 2 股 2.××× 千伏 ×× 线 212# 塔 AB 面 A 腿主材锈蚀 3.××× 千伏 ×× 线 212# 塔基础 A 腿混凝土表面裂纹 4.××× 千伏 ×× 线 212# 塔基础 C 腿接地引下线断裂 5.××× 千伏 ×× 线 212# 塔中相导线端均压环脱落 6.××× 千伏 ×× 线 212# 塔右相第三片绝缘子自爆 7.××× 千伏 ×× 线 212# 塔基础 C 腿接地引下线断裂 8.××× 千伏 ×× 线 212# 塔杆号牌脱落 9.××× 千伏 ×× 线 212# 塔大号侧 15 米处线下临时存放活动板房 10.××× 千伏 ×× 线 212# 塔中相导线端三角连板与 U 形螺栓连接处开口销缺失	8	1	1	1	1	1	1	2	1	1	1

缺陷数量（处）	杆塔号（××号、××号）	具体描述（1.××号某某缺陷；2.××号某某缺陷）	缺陷分类（处）			缺陷部件（处）							
			一般	严重	危急	导地线	杆塔	基础	接地装置	金具	绝缘子	附属设施	通道环境
10	190号，191号，192号，194号，195号，196号，197号	1.××× 千伏 ×××线 190#塔中相绝缘子串上端鸟窝 2.××× 千伏 ××线 190#塔右相绝缘子串塔材螺帽锈蚀 3.××× 千伏 ×× 线 191#塔中相绝缘子串下端金具缺销钉 4.××× 千伏 ×× 线 192#塔中相绝缘子串上端鸟窝 5.××× 千伏 ×× 线 193#塔中相绝缘子串上端鸟窝 6.××× 千伏 ×× 线 194#塔左侧大号侧地线鸟窝 7.××× 千伏 ×× 线 195#塔右侧大号侧绝缘子串塔材螺帽锈蚀 8.××× 千伏 ×× 线 195#塔中侧绝缘子串上端鸟窝 9.××× 千伏 ×× 线 196#塔中相绝缘子串上端鸟窝 10.××× 千伏 ×× 线 197#塔中相绝缘子串左上端鸟窝	9	1			6				1		

4.2　缺陷隐患分析

　　无人机巡检缺陷隐患分析分为本体缺陷及通道隐患，首先应该掌握相关的缺陷管理制度，明确缺陷及隐患的分类及定性，并按照缺陷管理流程进行消缺闭环。

4.2.1　无人机巡检缺陷管理制度

　　（1）线路缺陷分为本体缺陷、附属设施缺陷和外部隐患三类。

　　①本体缺陷指组成线路本体的全部构件、附件及零部件缺陷，包括基础、杆塔、导线、地线（OPGW）、绝缘子、金具、接地装置、拉线等发生的缺陷。

　　②附属设施缺陷指附加在线路本体上的线路标识、安全标志牌、各种技术监测或具有特殊用途的设备（如在线监测、防雷、防鸟装置等）发生的缺陷。

　　③外部隐患指外部环境变化对线路的安全运行已构成某种潜在性威胁的情况，如在线路保护区内违章建房、种植树竹、堆物、取土及各种施工作业等。

　　（2）线路的各类缺陷按其严重程度分为危急、严重、一般缺陷。

　　①危急缺陷指缺陷情况已危及线路安全运行，随时可能导致线路发生事故，既危险又紧

急的缺陷。危急缺陷消除时间不应超过 24 h,或临时采取确保线路安全的技术措施进行处理,随后消除。

②严重缺陷指缺陷情况对线路安全运行已构成严重威胁,短期内线路尚可维持安全运行,情况虽危险,但紧急程度较危急缺陷次之的一类缺陷。此类缺陷的处理一般不超过 1 周,最多不超过 1 个月,消除前须加强监视。

③一般缺陷指缺陷情况对线路的安全运行威胁较小,在一定期间内不影响线路安全运行的缺陷。此类缺陷一般应在一个检修周期内予以消除,需要停电时列入年度、月度停电检修计划。

（3）缺陷的上报及处置。

①危急缺陷应在当次巡视作业结束后立即向工区汇报。工区确认后向本单位运维检修部汇报,经本单位运维检修部审核无误后,危急缺陷及照片在当次巡视作业结束后 2 h 内上报市公司运维检修部。特高压交直流线路危急缺陷应同时报国网运检部。

②严重缺陷应在当次巡视作业结束后立即向工区汇报,经工区确认后,缺陷照片在 1 个工作日内报本单位运维检修部备案。

③一般缺陷在整条线路巡视完毕后由巡视作业工作组进行分类整理,缺陷照片由工区整理、存档、保存。

（4）缺陷应纳入 PMS 系统进行全过程闭环管理,主要包括缺陷记录、统计、分析、处理、验收和上报等。

（5）线路运检单位应核对缺陷性质,并组织安排缺陷的消除工作,危急缺陷应报上级运检部;上级运检部应协调、监督、指导缺陷的消除工作,缺陷在未消除之前应制定有效的设备风险管控措施。

（6）线路运检单位应结合线路运行经验、季节特点和通道情况积极开展线路隐患排查治理工作,建立隐患台账,及时消除设备和通道隐患。

4.2.2　无人机巡检档案管理制度

（1）无人机使用单位应设缺陷档案管理员,负责无人机巡视采集的巡视影像资料和其他文件资料的管理工作,做到缺陷档案完整齐备、检索目录准确、存放可靠。

（2）缺陷档案管理人员必须严格执行国家有关的保密政策和制度,维护资料的安全和企业机密。

（3）每次巡检结束后,应及时将任务设备的巡检数据导出,汇总整理巡检结果并提交。

（4）应及时做好空域审批文件、工作票（单）、航线信息库等资料的归档。

（5）无人机巡检作业数据的整理、归档需按照《无人机巡检作业数据提交清单及要求》进行。

（6）缺陷定性应严格按照输变电国网缺陷库进行。

4.2.3　缺陷管理业务流程

架空输电线路缺陷管理业务流程如图 4.56 所示。

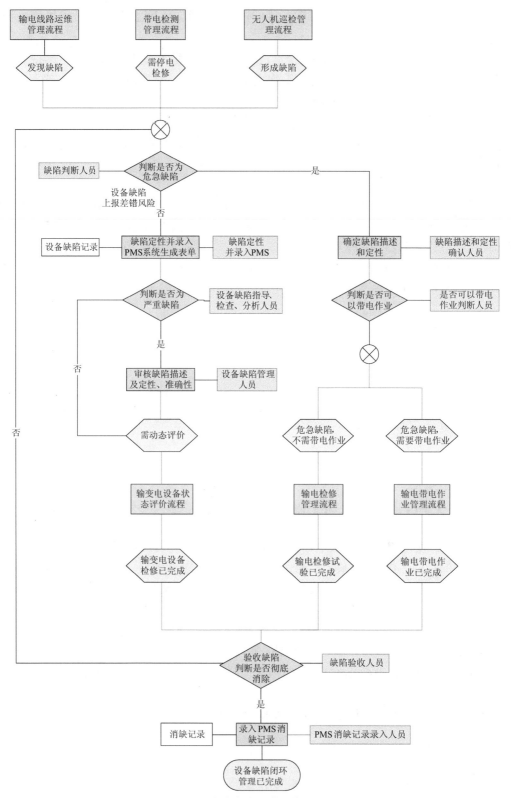

图 4.56 架空输电线路缺陷管理业务流程

4.3　无人机巡检报告编制

无人机巡检数据分析完成后,应针对每条线路建立无人机巡检报告(表4.3),巡检报告应根据缺陷类型及定性分别体现本条线路运行状态,为停电检修及状态巡视提供支撑和依据。

表 4.3　无人机巡检报告

××公司输电线路
无人机巡检报告
×××千伏×××线
××公司
××××年××月××日

1. 飞行巡检概述

××公司对所辖区域内的输电线路进行无人机精细化巡检,此次巡检主要内容为输电线路杆塔、基础、导、地线及 OPGW、金具、绝缘子、附属设施、通道等。

(1)飞行情况,见表4.4所示。

表 4.4　飞行情况

巡检周期	××××年××月××日至××××年××月××日
巡检人员	田某某、张某某
巡检机型	大疆"精灵 4 RTK"
搭载设备	可见光相机
飞行高度	120 m 以下
是否申请空域	是

（2）巡检情况，见表4.5所示。

表4.5　巡检情况

巡检类型	本体巡检、通道巡检
巡检杆塔数（基）	65
巡检里程（千米）	20.23
巡检照片（张）	2100
巡检视频（个）	1

（3）巡检线路明细，见表4.6所示。

表4.6　巡检线路明细

序号	电压等级	线路名称	起止杆号	备注
1	×××千伏	×××线	××#—××#	
2	×××千伏	×××线	××#—××#	

2. 本体缺陷汇总（表4.7）

表4.7　×××千伏×××线

序号	塔号	缺陷照片	缺陷描述	缺陷定性

3. 通道隐患汇总（表4.8）

表4.8　×××千伏×××线××#塔

序号	通道隐患照片	通道隐患描述	备注

4. 缺陷统计分析（表 4.9）

表 4.9　缺陷结果分析

序号	缺陷分类	缺陷数量（处）	备注
1	基础	××	一般缺陷 ×× 处 严重缺陷 ×× 处 危急缺陷 ×× 处
2	杆塔	××	一般缺陷 ×× 处 严重缺陷 ×× 处 危急缺陷 ×× 处
3	导地线	××	一般缺陷 ×× 处 严重缺陷 ×× 处 危急缺陷 ×× 处
4	地线	××	一般缺陷 ×× 处 严重缺陷 ×× 处 危急缺陷 ×× 处
5	OPGW	××	一般缺陷 ×× 处 严重缺陷 ×× 处 危急缺陷 ×× 处
6	绝缘子	××	一般缺陷 ×× 处 严重缺陷 ×× 处 危急缺陷 ×× 处
7	金具	××	一般缺陷 ×× 处 严重缺陷 ×× 处 危急缺陷 ×× 处
8	附属设施	××	一般缺陷 ×× 处 严重缺陷 ×× 处 危急缺陷 ×× 处
9	防雷与接地装置	××	一般缺陷 ×× 处 严重缺陷 ×× 处 危急缺陷 ×× 处
10	通道环境	××	一般隐患 ×× 处 严重隐患 ×× 处 危急隐患 ×× 处

1. 主界面简介（见书中第 46 页）

2. 基础操作（见书中第 59 页）

3. 精细化巡检（见书中第 102 页）

4. 自主巡检（见书中第 103 页）

5. 倾斜摄影（见书中第 108 页）